Brian Coe

Das erste Jahrhundert der Photographie

Brian Coe

Das erste Jahrhundert der Photographie

1800—1900

Gondrom

Sonderausgabe für den Gondrom Verlag, Bindlach, 1986

Übersetzung aus dem Englischen: Dr. Karl Steinorth.
Titel der englischen Originalausgabe:
The Birth of Photography

ISBN 3-8112-0484-X

Inhalt

Vorwort

Es gibt heute wohl kaum ein Gebiet, in dem die Photographie nicht irgendeine Rolle spielt. Dieser so vertraute Bestandteil des modernen Lebens entwickelte sich im Laufe des vergangenen Jahrhunderts, von den ersten noch unsicheren Versuchen um 1800 an bis zur «Jedermann-Photographie», die durch die Einführung der Box- und Klappkameras möglich wude. Zweck dieses Buches ist es, den Leser in die Geschichte der Photographie einzuführen und die Arbeit einiger ihrer Pioniere in Wort und Bild aufzuzeigen. Den Leser, der sich mit der Photographie der viktorianischen Zeit stärker vertraut machen will, können wir nicht nur auf die immer umfangreicher werdende Literatur verweisen: wir können ihm auch raten, Museen zu besuchen, in denen Geräte und Photos im Original zu sehen sind, denn keine Wiedergabe in einem Buch kann der Schönheit einiger der frühen photographischen Verfahren völlig gerecht werden.

Hier einige Museen, in denen authentisches Material zur Geschichte der Photographie ausgestellt ist:

Deutschland: Deutsches Museum, München; Fotomuseum im Stadtmuseum, München; Agfa-Gevaert Historama, Leverkusen.

England: The Science Museum, London; The Kodak Museum, Harrow; The Royal Photographic Society, London; The Oxford Museum of the History of Science; The Northwestern Museum of Science and Technology, Manchester; The Fox Talbot Museum, Lacock; The Barnes Museum of Cinematography, St. Ives, Cornwall.

Schottland: The Royal Scottish Museum, Edinburgh.

USA: The International Museum of Photography im George Eastman House, Rochester, N. Y.; The Smithsonian Institution, Washington, D. C.

Belgien: Sterkshof-Museum, Antwerpen.

Frankreich: Arts et Metiers-Museum, Paris.

Tschechoslowakei: Museum für Technologie, Prag.

Bildnachweis

The Science Museum, London 22, 24, 25, 27, 68, 93
National Portrait Gallery, London 69
Fox Talbot Museum, Lacock 23, 68
Library of Congress, Washington, D. C. 66, 83
Howarth-Loomes Collection 33, 90
Josiah Wedgwood & Sons Ltd 13
Smithsonian Institutuion, Washington, D. C. 64
Victoria & Albert Museum, London 88
International Museum of Photography im George Eastman House 89
Kodak-Pathé Collection, Vincennes 108
The Webb Collection 111
The Schultze Collection 85
The Marquis of Tavistock und das Kuratorium des Bedford Estate 54
Mr. A. H. Stanton 8

Alle übrigen Abbildungen stammen aus der Sammlung des Kodak Museums in Harrow.

Sehr zu Dank verpflichtet bin ich meinen Kollegen im Kodak Museum, Frau Christine Lucas und Herrn Peter O'Connor für ihre Hilfe bei der Auswahl und Vorbereitung der Illustrationen. Auch den Herren Bernard Howarth-Loomes, Harold White und Stephen Croad danke ich für ihre hilfreichen Ratschläge und Informationen.

Anmerkung

Obwohl ganz allgemein «Fox Talbot» genannt, zog es William Henry Fox Talbot selbst vor, sich «Henry Talbot» zu nennen und so zu unterzeichnen. Aus seinen eigenen Äußerungen ist außerdem be-

kannt, daß er die Gewohnheit seiner Mutter, ihn mit «Fox» anzureden, nicht mochte «Fox» war nur einer seiner drei Vornamen und keineswegs mit Bindestrich seinem Nachnamen verbunden. Aus diesem Grunde wird in dem vorliegenden Text durchweg der Name «Talbot» und nicht «Fox Talbot» verwendet.

Die Preise, die genannt werden, sind jeweils die des 19. Jahrhunderts (entsprechende Dezimalwerte: ein Shilling = 5 P; eine Guinee = 1.05 £). Mit Rücksicht auf Inflation und Wechselkurse sind Umrechnungen in moderne Währungen oft irreführend und unbeständig. Der Leser ist vielleicht am besten beraten, wenn er bedenkt, daß im späten 19. Jahrhundert der Taglohn eines ungelernten Photo-Gehilfen etwa einen Shilling betrug, während ein erfahrener leitender Angestellter in einem Londoner Photoatelier am Tag 10 Shilling verdienen konnte.

Brian Coe

Die Geburt der Photographie

Miniaturmalerei, Selbstbildnis von Henry Collen, 1825.

Seit urgeschichtlichen Zeiten hat der Mensch Abbilder seiner selbst und seiner Welt geschaffen; aber für sehr lange Zeit erforderte ein solches Unterfangen Künste und Fertigkeiten, die nur wenigen zu Gebote standen. Die Entwicklung der Porträtmalerei in Europa von der Zeit der Renaissance an wurde dadurch gehemmt, daß die Zahl reicher Gönner, die größere Werke in Auftrag gaben, begrenzt war. Im Laufe des 18. Jahrhunderts erwachte in der damals aufsteigenden Mittelklasse der Wunsch nach weniger koststpieligen Methoden, sich im Bilde festzuhalten. Zu einem Teil wurde diese Nachfrage durch den Miniaturmaler befriedigt, dessen Arbeit in Größe und Preis kleineren Haushaltsbudgets angepaßt war. Aber erst die Silhouettenmalerei kam dem vielfachen Verlangen nach einem Abbild entgegen. Die Profilbilder, dem von einer Lampe geworfenen Schatten nachgezeichnet oder frei aus der Hand aus schwarzem Papier geschnitten, begannen im frühen 18. Jahrhundert beliebt zu werden. Sie wurden nach Etienne de Silhouette benannt, einem französischen Finanzminister und «Amateur-Profilgestalter», dessen knickrige Methoden seinen Namen zu einem Synonym für das Wort «billig» machten. Die schwarzen Schattenrisse, oft mit Goldfarbe verschönt, eingeglast und mit einem passenden Rahmen versehen, schmückten zu Beginn des vorigen Jahrhunderts selbst das bescheidenste Heim.

Obgleich das Silhouettenbild verhältnismäßig billig war (ein typisches Beispiel: im Jahre 1800 kostete ein mit der Schere geschnittenes Profil etwa zwei Schilling), mußte doch jedes einzelne Exemplar gezeichnet oder geschnitten werden, so daß Kopien dieselbe Zeit beanspruchten wie das Original und auch soviel kosteten. Das erste Instrument, das ein Porträt in mehreren Exemplaren zu kopieren vermochte, wurde 1786 von Gilles Louis Chrétien erfunden: Eine durch Lampenlicht erzeugte Silhouette wurde auf eine Glasplatte geworfen und mittels einer Radiernadel in den Umrissen nachgezogen; ein System von Hebeln, einem Pantograph ähnlich, verband die Nadel mit einem Gravierwerkzeug. Eine auf diese Weise gleichzeitig gravierte Kupferplatte gestattete nun viele Nachdrucke. Chrétien nannte seine Erfindung Physionotrace. Diese mechanische Methode, Bilder herzustellen, war billig; aber sie konnte es mit der viel koststpieligeren und mehr Können erfordernden Kunst der Miniaturmalerei, deren Erzeugnisse voller Farbigkeit und Einzelheiten waren, nicht aufnehmen. Erfinder und Künstler begannen sich zu fragen, ob man wohl das Licht dazu bringen könnte, daß es unmittelbar ein Bild hervorbringt, billig und ohne besonderes Können? Um ein solches Bild zu machen, bedurfte es zweier grundlegender Erfordernisse: Erstens, eine geeignete optische Vorrichtung müßte ein Abbild erzeugen, und zweitens müßte ein lichtempfindliches Material vorhanden sein, um dieses Abbild dauerhaft aufzunehmen.

Diese beiden Prinzipien standen schon zu Beginn des vorigen Jahrhunderts fest. Wenn sich in der Wand eines verdunkelten Raumes, vielleicht in den geschlossenen Läden eines Fensters, ein kleines Loch befindet, so entsteht auf der gegenüberliegenden Wand ein Abbild der Außenwelt. Das Abbild steht auf dem Kopf und ist undeutlich; vergrößert man das Loch, so wird das Bild zwar heller, aber noch undeutlicher. Dieses Phänomen der «Camera obscura» (wörtlich: dunkle Kammer) war bereits im Altertum beobachtet worden. Vermutlich waren schon chinesische Gelehrte im 4. Jahrhundert v. Chr. mit dem Effekt vertraut. Sicher ist, daß der arabische Gelehrte Alhazen den Effekt im 10. Jahrhundert n. Chr. beschrieb und die Möglichkeit erkannte, mit seiner Hilfe eine Sonnenfinsternis ohne Schaden für die Augen zu beobachten. Eine sehr gut verständliche Beschreibung gibt Leonardo da Vinci in seinen Notizbüchern: «Wenn die Abbilder beleuchteter Gegenstände durch ein kleines, rundes Loch in einen sehr dunklen Raum gelangen, wird man auf der Tapete all diese Gegenstände in ihren natürlichen Formen und Farben sehen. Sie werden verkleinert erscheinen, auch das Obere nach unten gekehrt, weil sich die Strahlen in der Öffnung schneiden.» Ganz offenbar war dieser Effekt für den Künstler sehr nützlich, und Giovanni Battista della Porta empfahl die Ca-

Oben: Silhouette eines jungen Mannes, etwa 1790. Unten: Silhouetten von Mr. und Mrs. James Grey und Eleanor, etwa 1840.

Physionotrace der Madame Rolland, 1793.

mera obscura 1558 in seinem Buch «Natürliche Magie». Er wies darauf hin, daß ein helleres, klareres Bild erzeugt werden könne, wenn man das kleine Loch durch eine konvexe Linse oder durch einen konkaven Spiegel ersetzte. Er schlug außerdem vor, zu Unterhaltungszwecken sich ein optisches System zunutze zu machen, das die Bilder von Schauspielern von einem hellen in einen abgedunkelten Raum übertrug. In den darauffolgenden 300 Jahren war die Camera obscura in vielen öffentlichen und privaten Gebäuden anzutreffen. Selbst heute sind noch einige in Betrieb und können an verschiedenen Orten Großbritanniens, wie z. B. in Edinburg und Bristol, besichtigt werden.

Um die Benutzung der Camera obscura für den Künstler praktikabler zu gestalten, wurden Konstruktionen erfunden, die man wie eine Sänfte von einem Ort zum anderen transportieren konnte. Es wurden sogar noch bequemere Versionen ersonnen, so zusammenlegbare Zelte, bei denen sich Linsen, Spiegel und Prismen im Scheitelpunkt befanden, so daß das Bild auf eine horizontale Tischfläche fiel. Tragbar waren auch die kleinen, mit beweglichen Linsen ausgestatteten Holzkisten, bei denen das Bild auf eine Mattglasscheibe auf der Rückseite geworfen wurde. Eine bedeutende Verbesserung im 18. Jahrhundert bestand in der Einführung eines Spiegels hinter der Linse, der das Abbild auf eine horizontale Mattglasscheibe im oberen Teil reflektierte, die gewöhnlich durch eine angelenkte Klappe abgeschirmt war. Diese beliebteste Form der Camera obscura wurde weitgehend von Künstlern gebraucht, die nun das Abbild kopieren oder nachzeichnen konnten, wodurch sich die Probleme der exakten Wiedergabe von Form und insbesondere Perspektive stark vereinfachten. Diese Vorrichtung war es, die sich zur photographischen Kamera entwickeln sollte.

Von alters her haben Naturwissenschaftler festgestellt, daß das Licht eine Wirkung auf gewisse Stoffe ausübt. Einige verbleichen, wenn sie dem Licht ausgesetzt sind; andere werden dunkel. Das letztere gilt besonders für bestimmte Silberverbindungen. Die erste wissenschaftliche Untersuchung dieser Erscheinung machte 1727 J. H. Schulze. Er füllte eine Glasflasche mit einem Gemenge von Kreide und Silber in Salpetersäure und wies nach, daß sich diese Mischung von Weiß zu einem dunklen Purpurton verfärbte, wenn sie dem Licht ausgesetzt wurde. Durch Aufkleben von Schablonen aus schwarzem Papier außen auf die Flasche konnte er in der Mischung Buchstaben und Formen erzeugen, die aber verschwanden, wenn die Flüssigkeit geschüttelt wurde. Im Jahre 1777 bewies C. W. Scheele, daß dies Dunklerwerden von Silberverbindungen durch die Einwirkung von Licht auf der Bildung von metallischem Silber beruhte.

Um 1800 führte Thomas Wedgwood, ein Sohn von Josiah Wedgwood, dem berühmten Steingutfabrikanten, die ersten Experimente durch, bei denen auf Papier, das mit Silbersalzen lichtempfindlich gemacht worden war, Bilder erzeugt wurden. Tom hatte mit seines Vaters Camera obscura gearbeitet, die zum Entwerfen von Dekorationsmustern für das Steingut diente, und wohl deshalb wurde er mehr und mehr von der Idee bewegt, das Bild sich selbst unmittelbar auf Papier abbilden zu lassen. Da er von den Arbeiten von Schulze und Scheele Kenntnis hatte, wandte er sich selbstverständlich den Silberverbindungen zu. Seine Versuche wurden von seinem Freund, dem großen Chemiker Humphry Davy, in einer Abhandlung beschrieben und der Royal Institution vorgelegt. In den «Journals of the Royal Institution, Nr. 9, 22. Juni 1809» trug die Arbeit den Titel «Bericht über eine Methode, Malereien auf Glas etc. zu kopieren, erdacht von T. Wedgwood, Esq., mit Anmerkungen von H.

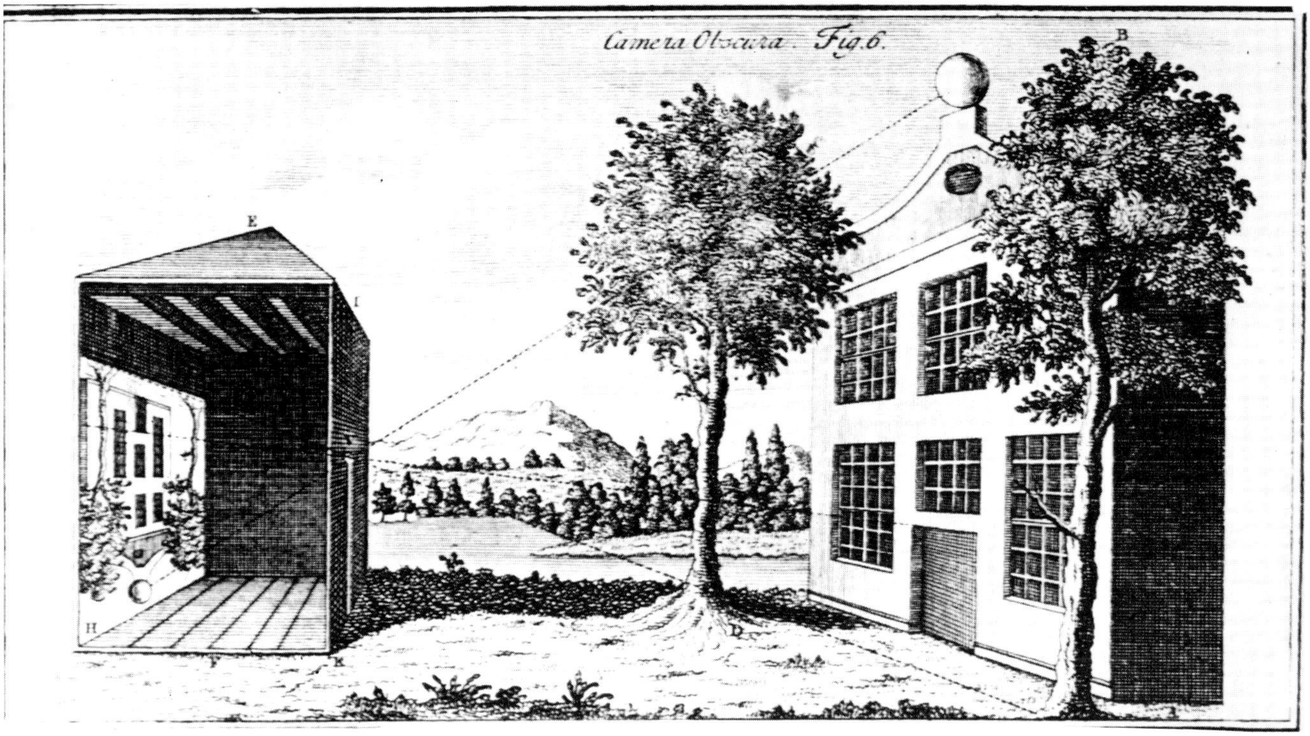

Das Prinzip der Camera obscura, eine wie eine Sänfte tragbare Camera obscura und ein Zeltmodell, aus einer Abhandlung über Optik, 1716.

Eine tragbare Reflex-Camera obscura, um 1800.

Links: Profile von Blättern auf Leder, nach Wedgwoods Methode angefertigt.
Rechts: Thomas Wedgwood, ein früher Experimentierer mit lichtempfindlichen Chemikalien.

Davy». Wedgwoods Experimente wurden folgendermaßen beschrieben: «Weißes Papier oder weißes Leder, das mit einer Silbernitratlösung angefeuchtet wird, erfährt bei Aufbewahrung an einem dunklen Ort keinerlei Veränderung; wird es aber dem Tageslicht ausgesetzt, ändert es rasch die Farbe, und nachdem es verschiedene Grau- und Brauntöne angenommen hat, wird es nahezu schwarz . . . Umrisse und Schattierungen von Malereien auf Glas lassen sich kopieren und figürliche Formen wiedergeben durch die Einwirkung des Lichts. Wenn eine weiße, mit Silbernitrat bedeckte Fläche hinter eine Glasmalerei gelegt und dem Sonnenlicht ausgesetzt wird, erzeugen die Strahlen, die durch die unterschiedliche Dichte der Farbe hindurchdringen, deutliche Tönungen von Braun oder Schwarz, den Schattierungen des Bildes entsprechend, und dort, wo das Licht keine Veränderung erfährt, färbt sich das Nitrat am stärksten.

. . . Nachdem sich die Farbe auf dem Leder oder Papier festgesetzt hat, ist sie weder mit Wasser noch mit Seife abwaschbar und in einem hohen Grade beständig. Die Kopie einer Malerei oder von Umrissen sollte unmittelbar nach der Anfertigung an einem dunklen Ort verwahrt werden. Man kann sie im Schatten betrachten, aber nur für die Dauer weniger Minuten; durch das Licht von Kerzen oder Lampen wird sie nicht merklich beeinflußt.

. . . Die Bilder, die mittels einer Camera obscura entstehen, sind als zu schwach befunden worden, um innerhalb einer angemessenen Zeit eine Wirkung auf das Silbernitrat zu zeigen. Diese Bilder zu kopieren war das ursprüngliche Ziel Mr. Wedgwoods bei seinen Untersuchungen . . . Es fehlt nur noch eine Methode, die verhindert, daß die unbelichteten Teile der Zeichnung durch das Tageslicht nachträglich gefärbt werden, um das Verfahren so nützlich zu machen, wie es elegant ist.»

Es ist erstaunlich, daß Davy, ein führender Chemiker seiner Zeit, keine Methode vorzuschlagen wußte, um die unverbrauchten Silbersalze zu entfernen und das Bild zu «fixieren». Sicherlich gab es zu der Zeit solche Materialien, die den Bildern eine gewisse Haltbarkeit gegeben hätten. Wedgwood

Eine Heliographie der Aussicht von einem Fenster seines Hauses in Saint-Loup-de-Varennes, von Niépce wahrscheinlich 1827 mit der Kamera angefertigt. Nach vergeblichen Versuchen an anderen Stellen gelang dem Forschungslabor der Kodak Ltd. in Harrow diese Reproduktion. Die Unregelmäßigkeiten der Originalplatten-Oberfläche werden durch die Technik, die notwendig ist, um das sehr schwache Original zu kopieren, noch verstärkt.

starb bald darauf (im Jahre 1805), ohne seine Entdeckung, die so nahe daran war, ein praktisches Ergebnis zu liefern, noch weiter entwickeln zu können.

Die ersten Abbilder von Dauer, die unmittelbar durch die Einwirkung des Lichts erzeugt waren, wurden von dem Franzosen Joseph Nicéphore Niépce hergestellt. Zu Anfang des 19. Jahrhunderts begann Niépce, ein Amateur-Wissenschaftler, -Erfinder und -Künstler, sich für die damals neuen Techniken der Lithographie zu interessieren. Da er im Zeichnen nicht sehr geschickt war, versuchte er, direkt auf dem Stein oder der Druckplatte Abbilder zu erzeugen. Wie vor ihm Wedgwood, begann er seine Experimente zunächst mit Papier, das durch Silberchlorid empfindlich gemacht worden war; im Jahre 1816 gelang es ihm, mit der Camera obscura schwache Bilder zu erzeugen, die er jedoch nicht dauerhaft zu machen vermochte. Dann versuchte er, Metallplatten mit verschiedenen säurebeständigen Substanzen zu überziehen – in der Hoffnung, Druckplatten zu erhalten. Er entdeckte, daß eine Beschichtung mit Judenpech (eine Asphaltsorte, die vielfach von Kupferstechern benützt wurde) in einem geeigneten Lösungsmittel lichtempfindlich war. Der Firnis wurde hart, wenn er längere Zeit dem Licht ausgesetzt war; wenn aber die beschichtete Platte unter einen Stich auf durchscheinendem Papier geschoben wurde, schützten die dunklen Linien des Stiches das Pech vor dem Licht, und es blieb

Joseph Nicéphore Niépce, der Pionier, dem es gelang, das erste beständige photographische Abbild herzustellen.

weich. Dort wo die Zeichnung das Licht durchließ, härtete sich das Pech und wurde unlöslich. Nach der Belichtung wurde die Platte mit einer Mischung aus leichtem Petroleum und Lavendelöl abgewaschen, wodurch die weichen Teile der Schicht aufgelöst wurden und auf der Platte ein dauerhaftes Abbild zurückblieb. Niépces erste «Heliographien» wurden im Jahre 1822 hergestellt; 1826 oder 1827 gelang es ihm, auf einer mit Pech beschichteten Zinnplatte in einer Camera obscura ein Abbild hervorzurufen. Eine achtstündige Belichtung erzeugte ein schwaches, aber erkennbares Bild von dem Blick aus einem Fenster eines oberen Stockwerks von Niépces Wohnhaus in Saint-Loup-de-Varennes, Frankreich. Diese Photographie, das älteste mit einer Kamera erzeugte Bild, das erhalten geblieben ist, befindet sich heute in der Gernsheim-Sammlung der Universität von Texas.

Für die normale Photographie war Niépces heliographischer Prozeß wegen der langen Belichtungszeit gänzlich unbrauchbar; in einer abgewandelten Form wurde er später bei der Herstellung von Druckplatten verwendet – Niepces ursprünglichem Ziel. Aus der Zusammenarbeit mit einem anderen Erfinder sollte sich eine neue Methode ergeben – aus der Heliographie entwickelt, aber weitaus praktikabler.

Das erste praktische Verfahren

Louis Jacques Mandé Daguerre, der Erfinder der Daguerreotypie, des ersten praktischen photographischen Verfahrens.

Louis Jacques Mandé Daguerre war ein Bühnenmaler, der im Jahre 1822 das Diorama gegründet hatte, ein Illusionsschauspiel für das Theater. Riesige durchscheinend gemalte Szenerien erweckten durch den Wechsel der Richtung, Stärke und Farbe der Beleuchtung sowie der Bewegung die Illusion wechselnder Naturstimmungen. Um die realistischen Bilder, die er hierzu brauchte, zu erhalten, bediente sich Daguerre der Camera obscura. Vielleicht war dies der Anlaß, daß er Versuche zu machen begann, das optische Bild direkt aufzufangen. Zufällig kaufte er sein optisches Werkzeug bei dem Optiker Chevalier, der auch Niépce belieferte. Chevalier erzählte Daguerre von Niépces Versuchen, und im Juni 1826 schrieb Daguerre an Niépce. Niépce korrespondierte mit ihm zunächst sehr vorsichtig, bis er 1827 auf dem Weg nach England, wo er seine Heliographien zeigen wollte, mit Daguerre in Paris zusammentraf. Nach seiner Rückkehr traf Niépce am 4. Januar 1829 mit Daguerre eine Vereinbarung darüber, daß sie alle Informationen teilen und gemeinsam ein zufriedenstellendes Verfahren erarbeiten wollten. Vier Jahre später starb Niépce, ohne daß bis dahin jedoch wesentliche Fortschritte gemacht worden waren. Sein Sohn Isidore setzte die Partnerschaft fort; aber erst 1837 fand Daguerre ein zufriedenstellendes Verfahren.

Er hatte seine Arbeiten mit Metallplatten weiter fortgesetzt und dabei entdeckt, daß eine silberne Fläche nach gründlichem Polieren lichtempfindlich gemacht werde konnte, indem man sie Joddämpfen aussetzte. Eine Belichtung von vielen Minuten in der Kamera erzeugte zwar kein sichtbares Bild; aber Daguerre entdeckte, daß ein «latentes» Bild, das unter Einwirkung von Licht auf der Silberjodidschicht hervorgerufen worden war, sichtbar gemacht werden konnte, wenn man die Platte mit

Dämpfen erhitzten Quecksilbers behandelte. Der Quecksilberdampf bildete mit den winzigen Silberteilchen, die der Belichtung ausgesetzt worden waren, ein Amalgam, und diese Verstärkung machte das Bild sichtbar. Nach Anwendung einer starken, heißen Salzlösung, die das nicht verwertete Silberjodid herauswusch, wurde das Abbild dauerhaft. Das Bild entstand durch das weißliche Silber-Quecksilber-Amalgam, das die hellen Teile des Gegenstandes wiedergab, während die dunklen Flächen auf der polierten Silberfläche zu erkennen waren, wenn das Bild so gehalten wurde, daß es einen dunklen Untergrund reflektierte. Die Daguerreotypie – der Name, den man dem Verfahren gab – wurde deshalb sehr passend «der Spiegel mit Gedächnis» genannt.

Daguerres Entdeckung wurde am 7. Januar 1839 von dem französischen Wissenschaftler François Arago bekanntgegeben. Gegen eine Rente der Regierung von 6000 Francs und weiteren 4000 Francs für Isidore Niépce entschloß sich Daguerre, sein Verfahren am 19. August 1839 in allen Einzelheiten zu veröffentlichen. Das Daguerreotypie-Verfahren konnte in der ganzen Welt frei angewendet werden – mit Ausnahme von England, wo es am 14. August kurz vor seiner Bekanntgabe in Frankreich patentiert worden war. Englische Benutzer benötigten deshalb eine Lizenz von Daguerre. Das Daguerreotypie-Verfahren wurde in kurzer Zeit so beliebt, daß die Lieferanten von Apparaten und Materialien von ihren Kunden, die das Bildermachen selbst versuchen wollten, regelrecht belagert wurden. Die Kunstwelt war erstaunt und beunruhigt. Es heißt, daß der Maler Paul Delaroche beim Anblick einer Daguerreotype ausgerufen habe: «Von heute ab ist die Malerei tot!» Aber das Verfahren war in verschiedener Hinsicht unvollkommen. Insbesondere waren die vorbereiteten Platten sehr wenig empfindlich. Selbst im hellsten Sonnenschein war eine Belichtungszeit von vielen Minuten notwendig, was das Porträtieren sehr erschwerte.

Im Jahre 1840 entdeckte John Goddard, ein englischer Wissenschaftler, daß bei Behandlung der versilberten Platte mit Bromdampf und Jod die so gebildete Brom-Jodsilberschicht sehr viel lichtempfindlicher war. Im darauffolgenden Jahr zeigte Antoine Claudet, daß Chlor eine ähnlich beschleunigende Wirkung ausübte. Durch diese beiden Techniken, die die Empfindlichkeit steigerten, konnten die Belichtungszeiten gesenkt werden.

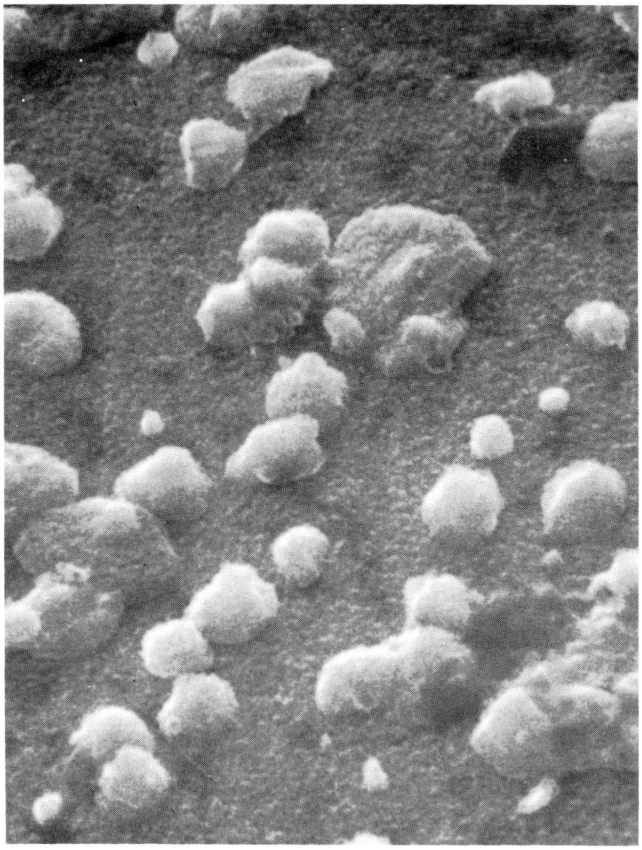

Eine Daguerreotypie, mehr als 13 000mal vergrößert. Die Teilchen des Quecksilber-Amalgams, aus denen sich das Abbild zusammensetzt, sind äußerst empfindlich gegen Beschädigung.

In den ersten Kameras für Daguerreotypie war die Kraft der einfachen Linsen, das Licht zu sammeln, noch sehr schwach. Im Jahre 1840 stellte Josef Petzval, Wien, ein neues Linsensystem zusammen, das erste, das speziell für die Photographie geschaffen wurde. Vier Glaselemente wurden kombiniert zu einem Objektiv mit großer Öffnung (nach heutiger Bezeichnung 1:3,6), das etwa sechzehnmal soviel Licht durchließ wie die einfache Linse in Daguerres erster Kamera. Das Petzval-Objektiv wurde zuerst in eine von Peter Voigtländer entworfene Ganzmetallkamera eingebaut und von Januar 1841 an verkauft. Als grundlegendes Linsensystem ist das Petzval-Objektiv seither immer in Gebrauch geblieben. Das Zusammenwirken von verbesserten Linsen und verdoppelter Empfindlichkeit senkte die Belichtungszeit unter normalen Umständen auf weniger als eine Minute.

Ein weiterer Nachteil des frühen Daguerreotypie-Verfahrens war die Empfindlichkeit des ferti-

△
Ein Doppel-Sensibilisierungskasten für das Daguerreotypie-Verfahren.

Rechts: Die erste Daguerreotypie-Kamera, von Giroux 1839 zum Verkauf angefertigt. Das Metallplättchen an der Seite zeigt Daguerres Unterschrift und das Siegel von Giroux als Beweis für die Echtheit.

gen Bildes, das aus winzigen Teilchen weichen Quecksilber-Amalgams auf silberner Fläche bestand. Schon die leiseste Berührung konnte das Bild zerstören. Im Jahre 1840 entdeckte Hippolyte Fizeau, daß bei Behandlung des fertigen Bildes mit einer heißen, Goldchlorid enthaltenden Lösung sich nicht nur die Tönung des Abbildes verbesserte, sondern daß dieses auch viel weniger anfällig für Zerstörung wurde. Bald wurde die Goldtönung im Daguerreotypie-Verfahren allgemein üblich.

Um die Daguerreotypie-Platte herzustellen, bedurfte es eines beträchtlichen Aufwands an Apparaturen und Handgriffen. Zunächst wurde die Platte, die meistens aus versilbertem Kupfer bestand, in einem Halter befestigt und mit einem lederbezogenen, gepolsterten Gerät unter Verwendung von Bimssteinpulver und Olivenöl poliert. Der letzte Hochglanz wurde mit dem Polierrot des Juweliers erzielt. Dann wurde die Platte mit der Oberseite nach unten in einen Sensibilisierungskasten gelegt, der gewöhnlich zwei Gefäße enthielt, eins für Jodkristalle und eins für Brominwasser. Die aufmerksame Beobachtung einer Reihe von Farbveränderungen auf der Platte während dieses Vorgangs meldete dem Bearbeiter, wann der gewünschte Grad der Empfindlichkeit erreicht war. Die vorbereitete Platte wurde dann in einem Plattenhalter in die Kamera geschoben. (Gewöhnlich bestand die Daguerreotypie-Kamera aus zwei hölzernen Kästen, von denen der hintere, kleinere, sich lückenlos in den vorderen hineinschieben ließ. An dem vorderen befand sich das Objektiv, und der andere Teil enthielt die Mattscheibe zum Fokussieren und den Plattenhalter zum Laden. Die ersten Kameras, die von Alphonse Giroux, einem Verwandten Daguerres, gefertigt und verkauft wurden, trugen sämtlich Daguerres Namenszug und Giroux' Siegel als Zeichen der Echtheit und Garantie.)

Nachdem die Platte belichtet worden war – im Atelier gewöhnlich etwa 30 Sekunden –, wurde sie aus der Kamera herausgenommen und in den Dunkelraum gebracht, wo sie mit dem «Gesicht» nach unten in den oberen Teil eines Entwicklungskastens gelegt wurde. Am Boden befand sich eine

△
Der Kasten, in dem die Quecksilberdämpfe für das Daguerreotypie-Verfahren entwickelt wurden

Schale mit Quecksilber, die von einer Spiritusflamme erhitzt wurde. Das Fortschreiten der «Entwicklung» des Bildes durch die Quecksilberdämpfe konnte durch ein gelbes Fenster in dem Kasten bei Kerzenlicht verfolgt werden. Wenn das Bild voll entwickelt war, wurde es chemisch behandelt und fixiert, wodurch die verbleibenden ungenutzten Silbersalze entfernt wurden. Darauf wurde die Platte mit der behandelten Seite nach oben auf einen Nivellierbock gelegt, damit sie absolut horizontal lag, mit einer Gold enthaltenden Lösung bedeckt und erhitzt. Nach dem Waschen und Trocknen wurde die Platte mit einem goldfarbenen Passepartout versehen, mit schützendem Glas bedeckt und in einen Rahmen aus Tombak oder Messingblech eingesetzt. Eine luftdichte Versiegelung war nötig, da die Silberfläche bei Kontakt mit der Luft schnell dunkel anlief. Die fertig aufgezogene Daguerreotype wurde gewöhnlich in einem mit Plüsch gefütterten Lederetui verkauft.

1845 wurde ein neuartiges Etui Mode. Seines amerikanischen Ursprungs wegen als «Union Case» bekannt, trug seine Oberfläche ein feines, plastisches Muster, das durch das Pressen einer heißen, weichen Mischung aus Schellack und Sägemehl in eine stählerne Form entstand. Nach dem Erkalten wurde die Mischung hart und gab alle Einzelheiten der Form wieder. Diese frühe Art der thermoplastischen Formung (eine Technik, die heute in großem Umfang angewendet wird) wies schöne Ergebnisse auf; die Muster waren oft nach bekannten Gemälden gestaltet.

Das Daguerreotypie-Verfahren blieb in Europa bis zur Mitte der 1850er Jahre allgemein im Ge-

«Union»-Etuis für Daguerreotypien.

Fertige Daguerreotypien in schützenden Etuis. Diesen ist oft der Name des Photographen aufgeprägt.

brauch; in den Vereinigten Staaten noch länger. Es war wunderschöner Resultate fähig, aber es besaß auch Schwächen. Das Material und die Apparate, die man brauchte, und die langwierigen Hantierungen machten es kostspielig. Im Jahre 1854 kostete die Grundausrüstung mindestens sechs Guineen, während eine vollständige Ausrüstung über einhundert Pfund kosten konnte. Ein kleines Daguerreotypie-Porträt, 5 x 6,4 cm, kostete eine Guinee; die Kosten größerer Formate stiegen in entsprechendem Maße. Jedes Bild war ein Einzelstück; wenn mehr als eins verlangt wurde, mußten weitere Originale zum vollen Preis angefertigt werden. Man konnte zwar das Original mit der Kamera kopieren, aber das Ergebnis war dann weniger zufriedenstellend. Das von der Daguerreotypie gelieferte Bild war seitenverkehrt, wie in einem Spiegel. Wenn ein seitengerechtes Bild verlangt wurde, mußte ein Spiegel oder ein Prisma zwischen das Modell und die Kamera geschaltet werden.

Die Daguerreotypie war das erste photographische Verfahren, das in größerem Umfang angewendet wurde. Aber nicht aus diesem Verfahren entwickelte sich die moderne Photographie. Daguerres schöner, aber komplizierter Prozeß war zwanzig Jahre nach seiner Entdeckung veraltet, überholt von einem Prinzip, das sein Zeitgenosse, W. H. F. Talbot, ein Engländer, gefunden hatte.

Der Ursprung der modernen Photographie

Photogenische Zeichnung von Blättern und Blüten der wilden Geranie, um 1839, von W. H. F. Talbot.

William Henry Fox Talbot wurde durch sein Versagen als Amateur-Zeichner dazu angeregt, ein photographisches Verfahren zu entwickeln. Er selbst beschreibt seine Entdeckung so:

«An einem der ersten Oktobertage 1833 vergnügte ich mich an dem lieblichen Ufer des Comer Sees in Italien und machte Skizzen mit Wollastons Camera lucida, oder besser gesagt, versuchte sie zu machen, aber mit dem geringst möglichen Erfolg. Denn wenn das Auge sich von dem Prisma, durch das alles so wunderschön aussah, erhob, fand ich, daß der ungetreue Stift Spuren zurückgelassen hatte, die traurig anzusehen waren ... Daraufhin dachte ich wieder an eine Methode, mit der ich es vor Jahren schon versucht hatte ... nämlich eine Camera obscura zu nehmen und das Abbild der Objekte auf ein Stück transparentes Zeichenpapier zu werfen, das im Brennpunkt des Instrumentes auf einer Glasplatte lag ... Bei diesen Gedanken kam mir die Idee, wie entzückend es wäre, wenn man diese natürlichen Abbilder dazu brächte, sich dauerhaft einzuprägen und auf dem Papier festhalten zu lassen! Und da, wie in den Schriften der Chemiker steht, das Silbernitrat eine besonders lichtempfindliche Substanz ist, faßte ich den Entschluß, es damit zu versuchen ... Im Januar 1834 kehrte ich von meiner Reise auf den Kontinent nach England zurück und bald darauf ... begann ich und besorgte mir Silbernitratlösung; mit einem Pinsel verteilte ich etwas davon auf einem Bogen Papier, der dann getrocknet wurde. Als dieses Stück Papier der Sonne ausgesetzt wurde, mußte ich jedoch enttäuscht feststellen, daß die Wirkung sich entgegen meinen Erwartungen nur sehr langsam einstellte.

Dann versuchte ich es mit Silberchlorid, frisch ausgefällt und noch feucht auf dem Papier verteilt. Dies fand ich um nichts besser als das andere;

William Henry Fox Talbot, nach einer Daguerreotypie von Claudet.

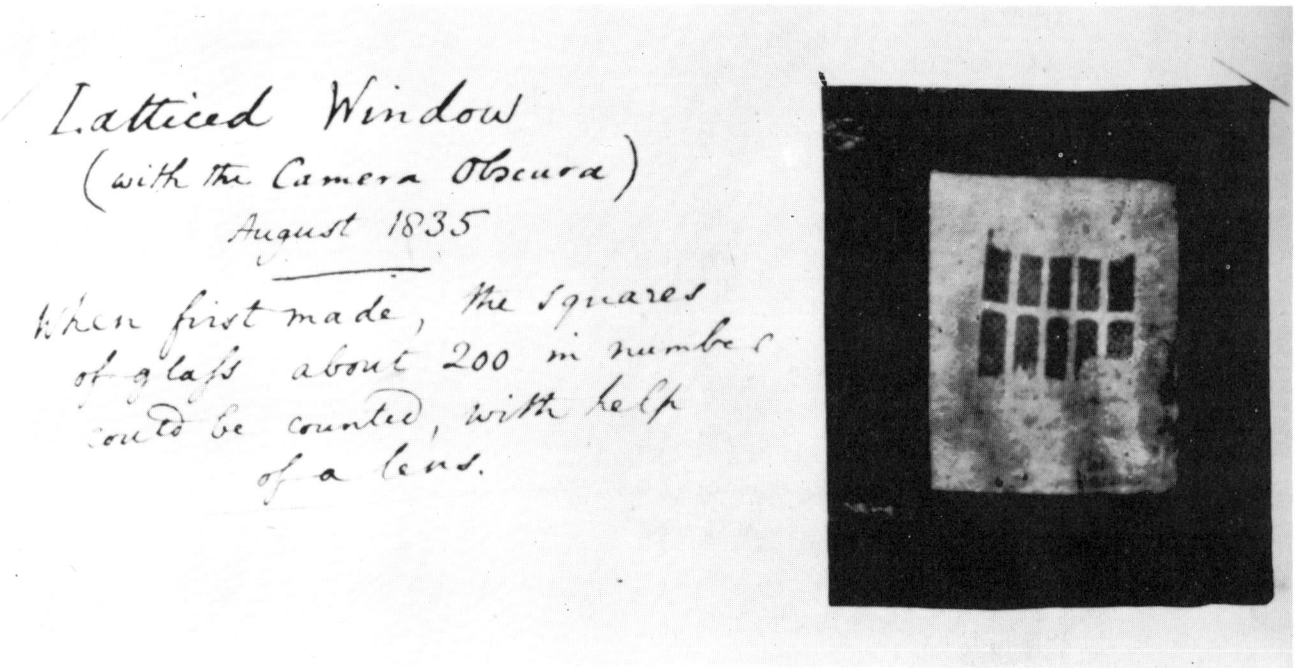

Das älteste noch vorhandene Negativ, von W. H. F. Talbot im August 1835 hergestellt.

Eine «Mausefallen»-Kamera wie sie Talbot 1835 und 1840 benutzte.

wenn es der Sonne ausgesetzt wurde, nahm es langsam eine dunkel-violette Farbe an . . .

Ein Blatt Papier wurde mit einer wesentlich schwächeren Salzlösung als gewöhnlich angefeuchtet und nach dem Trocknen mit Silbernitrat abgewaschen. Wenn dies Stück Papier der Sonne ausgesetzt wurde, zeigte es sofort einen viel höheren Grad der Empfindlichkeit, als ich ihn vorher bemerkt hatte; die ganze Oberfläche wurde schnell und gleichmäßig schwarz und bewies sofort und außer aller Frage die wichtige Tatsache, daß eine geringere Menge Salz die größere Wirkung erzielte . . . Im Frühjahr 1834 war es nicht mehr schwierig, deutliche und sehr gefällige Abbilder von Dingen wie Blättern, Spitzen und andern flachen Gegenständen von komplizierter Form zu erzeugen, wenn man sie dem Licht der Sonne aussetzte . . .»

Talbots Beobachtung, daß ein Überfluß an Salz die Empfindlichkeit des Papiers herabsetzte, führte dazu, daß er seine Bilder mit einer starken Salzlösung behandelte, um sie zu fixieren. Seine photogenischen Zeichnungen, wie er sie nannte, wurden auf diese Weise einigermaßen haltbar. Dies regte eine weitere Entwicklung an. Im Februar 1835 schrieb er in sein Notizbuch: «In dem Photogenischen oder Sciagraphischen Prozeß könnte die erste Aufzeichnung auf transparentem Papier gemacht werden und dann als Objekt für eine

«Bowood», das Positiv einer photogenischen Zeichnung von W. H. F. Talbot, 14. April 1840.

Das Negativ der photogenischen Zeichnung von Lacock Abbey, von Talbot; wahrscheinlich von 1836.

zweite Zeichnung benutzt werden, bei welcher Licht und Schatten umgekehrt erscheinen.» Er hatte das Prinzip entdeckt, auf welches sich die moderne Photographie gründet – das Negativ, das benutzt werden kann, um viele Positive herzustellen (diese Bezeichnungen wurden Talbot 1839 von dem Astronomen Sir John Herschel vorgeschlagen). Seine Notizen vom Februar 1835 berichten von einer anderen Idee: «Wenn ein Objekt, zum Beispiel eine Blume, stark beleuchtet und das Abbild mit einer Camera obscura erzeugt wird, so könnte vielleicht eine Wiedergabe davon entstehen, die nicht nur den Umriß, sondern auch weitere Einzelheiten zeigt. Zu diesem Zweck müßten kon-

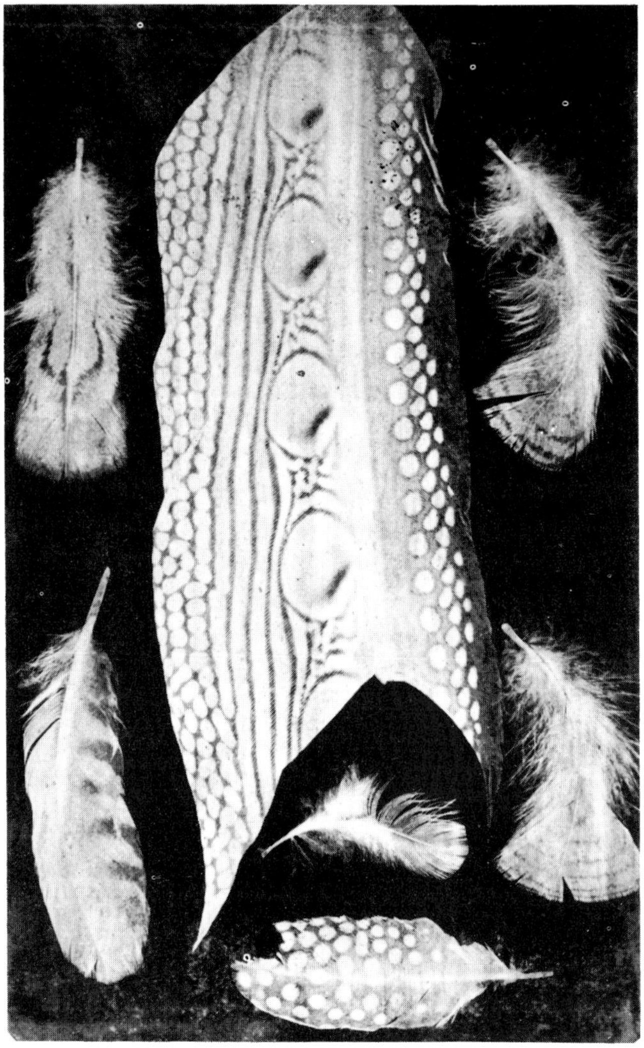

Photogenische Zeichnung von Federn, von Sir John Herschel, wahrscheinlich von 1839.

zentrierte Sonnenstrahlen darauf gerichtet werden; das beste aber wäre, sich nur *violetter Strahlen* zu bedienen; denn wir wollen *chemische Strahlen* und keine *Hitze*strahlen, damit die Blume nicht von deren Intensität versengt wird.» Dieses Experiment führte er im Sommer durch und schrieb später darüber: «In England machte ich während des strahlend schönen Sommers des Jahres 1835 erneut Versuche, mit der Camera obscura Bilder von Gebäuden zu erhalten, und da ich ein neues Verfahren erdacht hatte, dem Papier erhöhte Empfindlichkeit zu verleihen, nämlich durch abwechselndes Waschen mit Salz und Silber, und da ich es in feuchtem Zustand benutzte, gelang es mir, die Zeit, die benötigt wurde, mit der Camera obscura ein Bild zu erzeugen, an einem hellen Tag auf zehn Minuten herabzusetzen.»

Talbots erste Kamerabilder waren Aufnahmen von Lacock Abbey, seinem Landsitz in Wiltshire. Er fertigte kleine hölzerne Kameras an, die Bilder von 3,8 cm im Quadrat lieferten. Die Kameras, die seine Frau im ganzen Haus und im Gelände verteilt fand, nannte sie «Mausefallen». Das älteste uns erhaltene Negativ aus einer dieser Kameras, das August 1835 aufgenommen wurde, zeigt ein Gitterfenster; es befindet sich jetzt in der Sammlung des Science Museum in London.

In der darauffolgenden Zeit wandte sich Talbot anderen Vorhaben zu und widmete seinem neuen Verfahren ein paar Jahre lang wenig Arbeit, bis er im Jahre 1839 überrascht und aufgeschreckt von Daguerres Entdeckung hörte. Um seinen Prioritätsanspruch geltend zu machen, vereinbarte er mit Michael Faraday, Muster seiner photogenischen Zeichnungen – Blätter, Spitzen und Kamerabilder – am 25. Januar 1839 in der Royal Institution in London zu zeigen. Der Royal Society legte er am 31. Januar 1839 einen Bericht «über die Kunst des photogenischen Zeichnens» vor. Am 20. Februar folgte eine zweite Abhandlung, in der er seine Methode im einzelnen beschrieb. Dies war die erste Veröffentlichung, in der ein photographisches Verfahren beschrieben wurde.

Durch die Berichte über Daguerres und Talbots Arbeiten wurde Sir John Herschel angeregt, eigene Experimente durchzuführen. Es kam ihm der Gedanke, daß Natriumthiosulfat (damals als Hyposulphit von Soda bekannt), dessen Eigenschaften als silberauflösendes Mittel er selbst im Jahre 1819 entdeckt hatte, ideal wäre, das photographische Abbild zu fixieren. Am 1. Februar 1938 berichtete er hierüber Talbot. Mit Herschels Erlaubnis veröffentlichte Talbot die neue Fixiermethode in einem Brief an die «Comptes Rendus», die Zeitschrift der Französischen Akademie der Wissenschaften. Daguerre übernahm die neue Methode sofort; während Talbot das Verfahren, das kostspielig war und außerdem die Dichte der ohnehin schwachen photogenischen Zeichnungen verringerte, erst nach geraumer Zeit anwendete und zunächst bei den weniger wirksamen Fixiermethoden mittels Salz, Kaliumjodid oder Kaliumbromid blieb.

Der photogenische Zeichenprozeß war alles andere als vollkommen. Insbesondere war das Papier sehr unempfindlich, und es bedurfte vieler Minuten oder sogar Stunden, um in der Kamera ein erkennbares Bild entstehen zu lassen. Doch im September 1840 entdeckte Talbot, daß, wie bei der Da-

Sehr früher Kalotypie-Abzug von Lacock Abbey. Das Negativ wurde wahrscheinlich am 24. September 1840 angefertigt, dem Tage nach Talbots Entdeckung des Entwicklungsprozesses.

Kalotypienegativ und -positiv von Lacock Abbey, von Talbot, etwa 1843.

Eine Box-Kamera mit gleitendem Rückteil für das Kalotypie-Verfahren, um 1850.

guerreotypie, ein nach kurzer Belichtung entstandenes latentes Bild durch Entwickeln sichtbar gemacht werden konnte. Feines Schreibpapier wurde zunächst mit einer Silbernitratlösung behandelt und danach mit einer Kaliumjodidlösung, wodurch sich in den Papierfasern lichtempfindliches Silberjodid bildete. Vor der Belichtung wurde dem Papier eine zusätzliche Empfindlichkeit verliehen, indem man es mit einer Mischung von Silbernitrat und Gallussäure abwusch. Eine Belichtung von nur wenigen Minuten Dauer genügte, um ein Bild entstehen zu lassen, das gut sichtbar wurde, wenn das Papier nochmals mit der Lösung aus Silbernitrat und Gallussäure behandelt wurde. Da das neue Verfahren ein viel stärkeres Abbild erzeugte als das photogenische Zeichenpapier, war auch die Fixierung mit Natriumthiosulfat möglich. Nach dem Waschen und Trocknen wurde das Papiernegativ gewöhnlich gewachst, um es für das Kopieren lichtdurchlässiger zu machen.

Kopien nach dem Negativ wurden durch eine Abwandlung des photogenischen Zeichnens hergestellt. Papier wurde in einer gewöhnlichen Salzlösung eingeweicht und getrocknet. Zum Gebrauch wurde das salzgetränkte Papier durch Behandlung mit Silbernitratlösung empfindlich gemacht. Das getrocknete, vorbereitete Papier wurde in einem Kopierrahmen auf das Negativ gelegt und starkem Tageslicht, vorzugsweise Sonnenlicht, ausgesetzt. Im umgekehrten Verhältnis zur Dichte des Negativs wurde das mit Salz behandelte Papier dunkler und ergab ein positives Abbild. Wenn die gewünschte Dichte erreicht war, wurde das Papier aus dem Rahmen entfernt, fixiert und gewaschen.

Talbot nannte sein neues Verfahren «Kalotypie» (abgeleitet von den griechischen Wörtern kalos = schön und typos = Druck). Es wurde jedoch bald weithin unter dem ehrenvollen Namen «Talbotypie» bekannt. Im Jahre 1841 beantragte er ein Patent für das Verfahren, und alle, die den Kalotypie-Prozeß benutzen wollten, mußten sich um eine Lizenz bemühen. In einem gewissen Grade hemmte dies die Nutzung des Verfahrens, besonders auf dem Gebiet des Porträtierens, wo sich die Kalotypie der langen Aufnahmezeiten wegen der Daguerreotypie gegenüber bereits im Nachteil befand. Amateuren gestattete Talbot den freien Gebrauch seiner Methode. Zwischen 1844 und 1846 beschrieb Talbot sein Verfahren in einer sechsteiligen Veröffentlichung, «The Pencil of Nature» (Der Zeichenstift der Natur), die mit eingeklebten Pho-

«Die Leiter», Tafel 14 aus Talbots «Der Zeichenstift der Natur», 1844.

tographien illustriert war. Die dazu notwendigen Abzüge wurden in einem in Reading eingerichteten Laboratorium kopiert. Die meisten waren Stillleben, Landschafts- oder Architekturbilder.

Im Jahre 1851 wurde von Gustave Le Gray eine bedeutende Verbesserung vorgeschlagen. Er fand, daß das Einwachsen des Papiers vor der Sensibilisierung die Haltbarkeit des Negativs stark erhöhte. Das Kalotypiepapier mußte bald nach der Sensibilisierung belichtet werden, am besten noch in feuchtem Zustand; das gewachste Papier konnte tage- oder wochenlang aufbewahrt werden, ohne an Qualität zu verlieren. Das gewachste Papiernegativ vermochte auch jede Einzelheit wiederzugeben, obwohl es viel weniger empfindlich war als das Kalotypie-Papier.

Im Jahre 1852 gab Talbot all seine Patentrechte auf, das Recht des kommerziellen Porträtierens ausgenommen, und ein paar Jahre lang erfreuten sich das Verfahren und seine Varianten einer neuen Beliebtheit, besonders in England und Frankreich. In Amerika, wo die Daguerreotypie regierte, wurde es dagegen nur wenig benutzt. Aber wie der Daguerreotypie, so war auch der Kalotypie ein Ende gesetzt. Ein neuer Prozeß, entwickelt aus dem Negativ-Positiv-Prinzip der Kalotypie, aber ohne deren Beschränkungen, sollte beide ersetzen.

Photographie mit nasser Platte

Frederick Scott Archer, der Begründer des Kollodium-Naßplattenverfahrens.

Die Vorteile der leichten Vervielfältigung, die das Papiernegativ mit sich brachte, wurden zu einem gewissen Grade durch seine Nachteile aufgewogen. Die Papierfasern gaben den gleichmäßig getönten Zonen eine deutlich feststellbare Maserung, selbst wenn das Negativ gewachst worden war, und begrenzten so die Wiedergabe feiner Details. Man erkannte, daß dies Problem nicht existieren würde, wenn man Glas als Unterlage für das empfindliche Material verwenden könnte. Da Glas anders als Papier nicht absorptionsfähig ist, mußte ein geeigneter Überzug gefunden werden, der die lichtempfindlichen Salze festhielt.

Sir John Herschel hatte 1839 ein Abbild auf Glas erzeugt, indem er Silberchlorid auf einer Glasplatte ausfällte; der Vorgang bedurfte mehrerer Tage Vorbereitung. Aus diesem Grunde war das Verfahren für die Praxis nicht brauchbar. Ein Bild, das Herschel im September 1839 aufnahm, wird noch heute im Science Museum, London, aufbewahrt. Das erste allgemein erfolgreiche Glasplattenverfahren wurde 1847 von Abel Niépce de Saint-Victor, einem Vetter von Nicéphore Niépce, vorgestellt. Er fand, daß Eiweiß – Albumin –, auf Glas aufgetragen, ein geeignetes Medium für empfindliche Salze abgab. Eine gründlich gesäuberte Glasplatte wurde mit einer Lösung von Kaliumjodid mit Albumin vermischt beschichtet. Die Platte wurde getrocknet und vor Gebrauch mit einer gesäuerten Silbernitratlösung empfindlich gemacht. Die belichtete Platte wurde in Gallussäure entwikkelt. Die Albuminplatte war zwar sehr wenig empfindlich, besaß aber ein außergewöhnliches Auflösungsvermögen, das sich besonders in der Architekturphotographie als wertvoll erwies. Albuminplatten wurden auch als Durchsichtsbilder für die Projektion und später für die Stereoskopie benutzt.

Im März 1851 beschrieb Frederick Scott Archer,

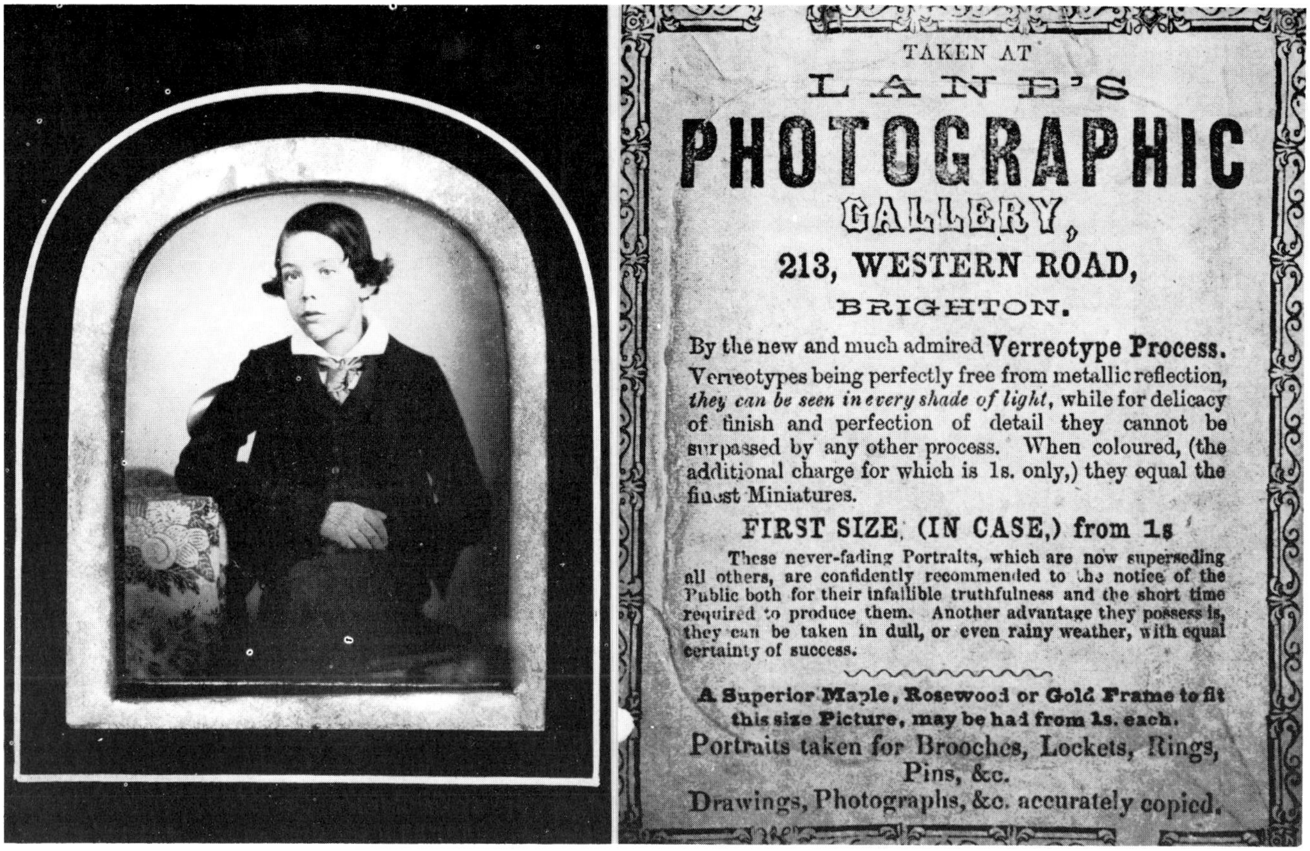

Oben: Ein frühes Kollodiumpositiv, mit der Reklame des Photographen auf der Rückseite.

ein englischer Bildhauer und Kalotypie-Photograph, in der Zeitschrift «The Chemist» ein neues Verfahren, bei dem Kollodium verwendet wurde. Dieses kürzlich erst erfundene Material – Nitrozellulose – wurde hergestellt, indem man eine Art Schießbaumwolle in Äther auflöste. Eine Kaliumjodid enthaltende Menge Kollodium wurde auf eine peinlich saubere Glasplatte gegossen. Durch Schräghalten der Platte wurde das Kollodium gleichmäßig über die Oberfläche verteilt. Wenn sich der Äther fast verflüchtigt hatte, blieb ein klebriger Überzug zurück; darauf wurde die Platte zur Sensibilisierung in ein Silbernitratbad getaucht. In noch feuchtem Zustande wurde sie in einen Halter gegeben und in der Kamera belichtet; hätte man sie trocknen lassen, so wäre die Empfindlichkeit nahezu gänzlich verloren gegangen. Unmittelbar nach der Belichtung wurde die Platte entwickelt, fixiert und gewässert. Das Kollodiumnegativ gab feine Einzelheiten und zarte Tönungen wieder und hatte den großen Vorteil, daß es viel empfindlicher war als das Daguerreotypie- oder das Kalotypieverfahren. Die Belichtungszeiten

Ein Kollodium-«Positiv»; der schwarze Rücken wurde zum Teil entfernt, um zu zeigen, daß das Abbild negativ ist.

Im Photoatelier des Landesvermessungsamtes in Southampton werden Tageslicht-Abzüge gemacht, 1859.

wurden auf wenige Sekunden herabgesetzt. Scott Archer veröffentlichte sein Verfahren frei und ohne persönlichen Vorteil daraus zu ziehen. Er starb 1857 in ärmlichen Verhältnissen, nachdem er erlebt hatte, wie seine Idee die Photographie revolutionierte.

In einem im Jahre 1852 veröffentlichten Buch beschrieb Scott Archer eine Variante seines Verfahrens, bei der er das Kollodiumnegativ durch eine Behandlung mit einer Quecksilberbichlorid-Lösung weiß färbte. Erhielt das Bild einen Rücken aus schwarzem Firnis, Papier oder Samt, so erschien das Negativ positiv. Das Kollodiumpositiv oder die Ambrotypie, wie man sie in Amerika nannte, wurde bald sehr beliebt, besonders für Porträts. Anders als das Daguerreotypie-Verfahren verlangte es wenig handwerkliche Geschicklichkeit und erforderte keine teuren Apparaturen und Materialien. Einer Lizenz für den kommerziellen Betrieb bedurfte es nicht. An jedem nur denkbaren Ort wurden Photoateliers eröffnet. Friseure, Metzger, Tabakhändler, Kaffeegeschäfte und selbst

Ferrotypie einer Familie am Strand, etwa 1890.

«Carte de visite»-Photographien von Disderi, um 1860.

Zahnärzte boten Porträts gerahmt für nicht mehr als Sixpence an, und manchmal gab's obendrein eine Tasse Kaffee oder eine Zigarre. Wie die Daguerreotypie verlangte das Glas-Kollodiumpositiv den Schutz durch ein Passepartout, durch Glas und einen Rahmen oder ein Etui, aber die Qualität der Arbeit war im allgemeinen nicht so gut. Dennoch, der Kostenunterschied war beträchtlich, und selbst weniger Begüterte konnten es sich jetzt leisten, in einem Photoatelier ein Sixpenny-Porträt machen zu lassen. Dieses Verfahren blieb bis weit in die 1880er Jahre hinein populär.

Eine Abwandlung des Kollodium-Positivverfahrens bestand in der Verwendung einer mit einer Oberflächenschwärzung versehenen Zinnplatte anstelle von Glas. Der französische Photograph Adolphe Martin war 1853 der erste, der das Verfahren beschrieb, das um 1860 unter dem Namen «Ferrotypie» und besonders in den USA auch als «Tintype» bekannt und beliebt wurde. Es wurde häufig von reisenden Photographen angewendet,

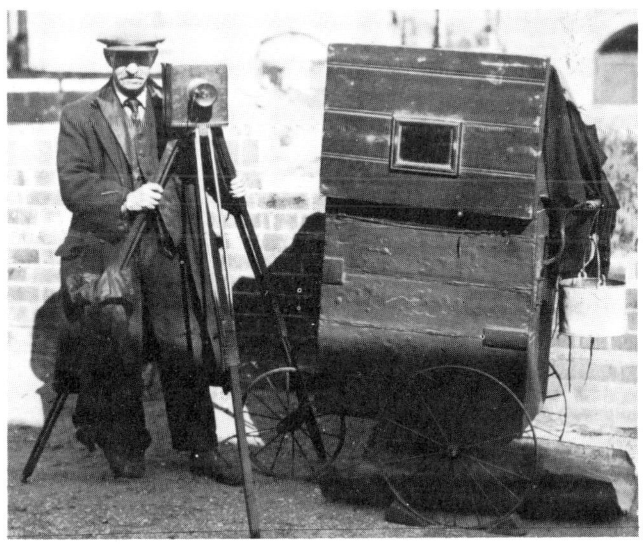

Ein Wander-Ferrotypie-Photograph.

12409
Miss K Salomonson
Miss K Salomonson

die ein positives Bild auf braun- oder schwarzemaillierten Platten in wenigen Minuten vorbereiten, belichten und fertigstellen konnten. Es kamen besonders konstruierte Kameras auf, in deren Innerem alle chemischen Vorgänge durchgeführt werden konnten. Die Ferrotypien waren selten von guter Qualität, aber sie waren die billigsten Photographien ihrer Zeit. Mit diesem Verfahren nahmen Strand- und Jahrmarktsphotographen viele Menschen auf, die sich sonst nie auch nur in die Nähe eines Photoateliers getraut hätten. Das Verfahren blieb bis nach dem Zweiten Weltkrieg in Gebrauch.

Diese billigen, leicht herstellbaren Kollodiumpositive litten an demselben Übel wie die Daguerreotypien: jedes einzelne war ein Unikat und bedurfte eines schützenden Etuis. Selbstverständlich konnte von dem Glasnegativ auf dem für die Kalotypie benutzten Salzpapier ein Abzug gemacht werden; und für Abzüge hatte im Jahre 1850 Louis-Désiré Blanquart-Evrard die Beschreibung einer bedeutenden Verbesserung veröffentlicht: Wenn man das Papier mit Eiweiß, das Ammoniumchlorid enthält, überzieht, ehe es mit Silbernitrat sensibilisiert wird, erhält man eine glatte, leicht glänzende Oberfläche . . . Das neue Verfahren verbesserte die Fähigkeit des Papiers, feine Einzelheiten wiederzugeben, auch verblich es nicht so leicht wie das in der Kalotypie übliche Papier. Das Eiweißpapier war ideal für Abzüge nach dem Glas-Kollodiumnegativ und wurde bis in die 1890er Jahre fast durchweg benutzt. Das vorbereitete Papier wurde in einem Kopierrahmen auf das Negativ gelegt und starkem Tageslicht ausgesetzt. Wenn die gewünschte Dichte erreicht war, wurde der Abzug aus dem Rahmen in die Dunkelkammer gebracht, fixiert und gewöhnlich noch mit Goldtoner behandelt, was dem Bild eine satte Färbung von Sepia oder Schokoladenbraun verlieh und außerdem die Haltbarkeit verbesserte.

Die Herstellung der Abzüge war einfach genug; aber die zusätzliche Arbeit machte sie zunächst teurer, als es das Kollodiumpositiv war. Im Jahre 1854 ließ sich André Adolphe Disderi, ein Pariser Photograph, eine Methode patentieren, mit der verschiedene Porträts auf einer einzigen Platte aufgenommen werden konnten. Auf diese Weise erzeugte ein Kopiervorgang eine ganze Anzahl Bilder, wodurch sich die Kosten stark verringerten.

◁ *Vier «Carte de Visite»-Posen auf einer einzigen Platte vor dem Fertigmachen und dem Beschneiden der Kanten.*

Kabinett-Photos hatten wie die kleineren «Cartes» gewöhnlich sorgfältig ausgearbeitete, gedruckte Bilder auf dem kartonierten Rücken.

Disderi brachte einen kleinen, auf Pappe aufgezogenen und etwa 6,4 x 10 cm messenden Photoabzug heraus, der wegen seiner Größe beim Publikum den Namen «Carte de visite»-Photo erhielt. Diese Bilder wurden in den 1860er Jahren ungemein beliebt, und es entwickelte sich bald eine Sammelsucht für «cartes photographes» von Berühmtheiten und auch von Freunden und Verwandten. Die Photographen wetteiferten untereinander, die Berühmten und auch die Berüchtigten aufzunehmen und hielten Bilder von Königlichen Hoheiten, Künstlern, Männern der Kirche, Schriftstellern, Schauspielern und Schauspielerinnen, Politikern und selbst bekannten Halbweltdamen zum Verkauf bereit. Einige Photos hatten Auflagen von Tausenden von Exemplaren, in England waren dies besonders Bilder der Königlichen Familie.

Die Porträts wurden entweder mit Kameras aufgenommen, die mehrere Objektive besaßen, so daß vier, sechs oder mehr Belichtungen zur gleichen Zeit möglich waren, oder aber mit einer Kamera, die nur ein einziges Objektiv besaß, die aber mehrere Photos hintereinander auf einer Platte aufnahm und zwischen den Belichtungen ihre Lage änderte. Die Abzüge wurden auf Karten montiert, deren Rückseite mit schön verzierten Mustern bedruckt waren. Die Porträts, in den frühen Beispielen oft die ganze Figur abbildend, wirken heute oft stereotyp und hölzern und unterscheiden sich nur in den Gesichtszügen der Modelle und den jeweiligen Ateliereinrichtungen. Photographen von Rang verlangten eine Guinee für zwölf Karten, die

Ein Photo-Album mit Uhr, um 1890.

Aufnahme einbegriffen. Die «Carte de visite» blieb bis weit in unser Jahrhundert hinein im allgemeinen Gebrauch; aber nach 1866 begann sie, in der Gunst des Publikums dem «Kabinett»-Photo zu weichen; dieses war in der Aufmachung und Erscheinung der «Carte» ähnlich, war aber viel größer (etwa 10 x 14 cm). Das Kabinett-Photo lieferte der Größe wegen ein qualitativ besseres Porträt; ein Dutzend dieser Aufnahmen kostete etwa zwei Guineen.

Die Entwicklung des Abzugs auf Papier schuf eine Nachfrage nach Alben, in denen die Bilder untergebracht werden konnten. Die Alben hatten Seiten aus steifer Pappe; mit Ausschnitten, deren Größe für «Cartes» und später für Kabinettphotos berechnet war. Diese Alben besaßen oft einen schönen und wertvollen Einband; es wurde kostbares Material verwendet wie Perlmutt, Plüsch, gepunztes Leder, Holzschnitzerei und japanische Lackarbeit. Alben, die für das Auslegen auf dem Kaminsims oder dem Salontisch gedacht waren, hatten sogar manchmal eingebaute Uhren; andere wieder besaßen eine Spieluhr, die beim Umwenden der Seiten Musik machte.

Das nasse Kollodiumverfahren und das Eiweißpapier zum Kopieren revolutionierten die Photographie. Um 1860 waren sowohl die Daguerreotypie als auch die Kalotypie so gut wie veraltet. Das Kollodium-Naßplattennegativ war sehr empfindlich und ergab fein detaillierte Bilder, aber das Verfahren hatte einen großen Nachteil. Die Notwendigkeit, die Platte in noch nassem Zustand zu belichten, brachte es mit sich, daß der Photograph seine Dunkelkammer mitführen mußte, wenn er im Freien arbeitete. Es gab tragbare Dunkelkammern zu kaufen, gewöhnlich in Zeltform, die zusammengefaltet in Kästen von der Größe eines Handkoffers Platz fanden. Voll ausgespannt waren sie groß genug für den Oberkörper des Photographen; das Tageslicht wurde durch einen Vorhang aus Segeltuch ausgesperrt. Außer dem Dunkelzelt mußte der Photograph die Chemikalien fürs Beschichten, Empfindlichmachen, Entwickeln und Fixieren mitbringen sowie einen Vorrat an sauberen Glasplatten, Schüsseln und Tanks nebst einem Behälter mit Wasser; denn auch das Wasser mußte

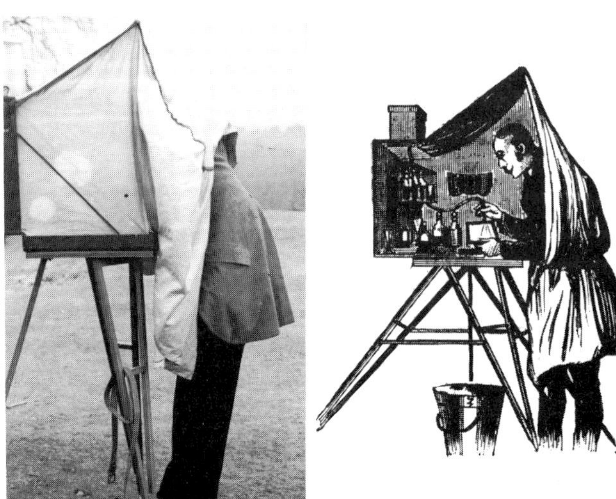

◁ *In dem tragbaren Dunkelzelt beschichtete und behandelte der Photograph seine Platten an Ort und Stelle; links eine moderne Rekonstruktion, rechts ein zeitgenössischer Stich.*

Eine moderne Rekonstruktion, die einen Photographen bei der Arbeit mit dem nassen Kollodiumverfahren zeigt.

herbeigetragen werden, wenn auf dem Gelände keines vorhanden war. Hinzu kam selbstverständlich die Kamera des Photographen mit den Plattenhaltern und dem dreifüßigen Stativ. Von etwa 1860 an machte die schwere, massige Kamera der Daguerreotypie-Zeit schnell der faltbaren Balgenkamera Platz. Dieses sinnreich erdachte Modell, das zu Arbeitsgröße ausgezogen recht umfangreich wirkte, verwandelte sich durch Zusammenklappen in ein kleines, leichtes Paket. Diese ganze Ausrüstung war für ein einziges Photo nötig. Das war umständlich und außerdem noch teuer. Für die vollständige Ausrüstung eines reisenden Photographen kamen leicht 40 £ zusammen.

Und es stellte sich die Frage, ob man eine zuverlässige Methode finden könnte, Platten ohne Verlust ihrer Empfindlichkeit oder Qualität im voraus vorzubereiten. Dies würde eine große Ersparnis an Kosten und Gewicht bedeuten. Obendrein würde der ganze Vorgang sehr vereinfacht. Der Photograph würde nur eine Kamera, ein Stativ und ein paar Trockenplatten benötigen. Die Suche nach einem verbesserten Trockenverfahren begann.

Die Gelatine-Trockenplatte

Dr. Richard Leach Maddox, der Begründer des Gelatine-Trockenplattenverfahrens.

Bei ihren ersten Versuchen, ein Trockenplatten-Verfahren zu finden, bedienten sich die Photographen einer Vielzahl von Substanzen, um zunächst die Kollodiumplatte längere Zeit feucht zu halten. Stoffe wie Lakritzen, Zucker, Bier, Glyzerin und sogar Himbeersirup gehörten zu den Materialien, mit denen man es versuchte; aber es stellte sich kein wirklich erfolgreicher «Trocken»-Prozeß ein. Im Jahre 1855 veröffentlichte J. N. Taupenot Einzelheiten eines Verfahrens, bei dem empfindlich gemachte Schichten aus Eiweiß und auch Kollodium verwandt wurden. Die Kollodium-Eiweißplatte war sehr wenig empfindlich, aber einer feinen Auflösung fähig und konnte vor der Belichtung wochenlang aufgehoben werden. W. B. Bolton und B. J. Sayce fanden im Jahre 1864, daß Glasplatten, die mit einer «Emulsion» von Silberbromid in Kollodium beschichtet waren, sich in trockenem Zustande lange Zeit vor der Belichtung ohne Qualitätsverlust frisch hielten. Wie alle Trocken-Kollodiumverfahren waren die Kollodium-Bromidplatten weniger empfindlich als nasse Platten, aber von 1867 an verkaufte die Liverpool Dry Plate and Photographic Printing Company vorbeschichtete Platten nach diesem Verfahren.

Die erste Beschreibung eines wirklich befriedigenden Trockenplattenverfahrens wurde von Dr. Richard Leach Maddox aus London veröffentlicht. Er war sehr an photographischen Experimenten interessiert, aber er stellte bei Versuchen fest, daß ihm die Ätherdämpfe des nassen Kollodiumprozesses gesundheitlich schadeten. Deshalb sah er sich nach einem Ersatz für Kollodium um. Er versuchte es mit Gelatine, einer Substanz, die in der Photographie schon vorher Verwendung gefunden hatte, besonders bei der Vorbereitung von Papieren für die Kalotypie. Es waren schon Versuche gemacht worden, Gelatine unmittelbar als Ersatz für das Kollodium zu verwenden, aber ohne Erfolg. Dr. Maddox stellte fest, daß durch Mischen von Kadmiumbromid und Silbernitrat in einer erwärmten Gelatinelösung sich in der Gelatine eine Silberbromidemulsion bildete. Auf Glas aufgetragen und getrocknet bewahrte dieses empfindliche Material seine Eigenschaften eine ganze Weile nach der Herstellung. Das Verfahren wurde von Dr. Maddox im «British Journal of Photography» am 8. September 1871 veröffentlicht. So wie das Verfahren zuerst beschrieben wurde, war es noch unvollkommen; aber es zog die Aufmerksamkeit anderer Experimentierfreudiger auf sich.

In einem Inserat bot 1873 John Burgess, London, eine fertig gemischte Gelatineemulsion an, die sich auf die Formel von Maddox stützte und die der Photograph selbst auftragen konnte. Mit dieser hatte Burgess nicht sehr viel Erfolg; mehr Glück hatte er mit fertig beschichteten Trockenplatten, die er vom August 1873 an verkaufte. Diese frühen Gelatine-Trockenplatten waren weniger empfindlich als das nasse Kollodium und boten daher keine großen Vorteile. Im Jahre 1874 verkaufte Richard Kennett, ein Amateurphotograph, in London eine getrocknete Gelatine-Emulsion, die er «pellicle», Häutchen, nannte; der Verbraucher konnte sie vor dem Auftragen in Wasser wieder auflösen. Bei der Herstellung wurde das «pellicle» mit Hitze getrocknet und – was Kennett nicht wußte – dies war für die beträchtliche Zunahme an Empfindlichkeit verantwortlich, die man an den beschichten Platten wahrnehmen konnte. Charles Bennett, ein Londoner, ging dem Phänomen weiter nach und veröffentlichte am 29. März 1878 im «British Journal of Photography» Einzelheiten über ein neues Trockenplattenverfahren: Eine fertig zubereitete Gelatineemulsion wurde durch längeres Erhitzen «reif» gemacht, wodurch eine bedeutende Zunahme in der Empfindlichkeit der Emulsion eintrat. Bennetts Entdeckung war ein entscheidender Durchbruch. Die neuen Trockenplatten waren leicht herzustellen, sehr empfindlich und hielten sich lange. Die Belichtungszeiten konnten auf ein bloßes Zehntel der für nasse Kollodiumplatten erforderlichen Zeiten verringert werden.

Zum ersten Male eignete sich ein Trockenplattenprozeß von wirklich befriedigender Qualität für die Herstellung zum Verkauf. Innerhalb von Monaten wurden die neuen Platten von einer größeren Anzahl Fabriken herausgebracht; unter den ersten in England waren Wratten und Wainwright in Croydon, Mawson und Swan in Newcastle und Samuel Fry in Kingston an der Themse. Das Naßplattenverfahren war innerhalb von ein paar Jahren erledigt, aufgegeben von allen Photographen mit Ausnahme einiger ganz hartnäckiger (nur in der Druckindustrie ist es noch bis vor kurzem angewendet worden). Jetzt brauchte der Photograph kein Dunkelzelt und keinen Kasten mit Chemikalien mehr mit sich zu führen, wenn er außerhalb arbeitete; eine Kamera, ein Stativ und einige mit Platten geladene Kassetten waren alles, was er brauchte. Die Trockenplatten, je nach Bedarf beim Hersteller gekauft, wurden «draußen» belichtet und nach der Rückkehr des Photographen in der Dunkelkammer weiter behandelt.

Das neue Verfahren hatte auch andere Veränderungen in der Photographie zur Folge. Als der Photograph sein Material noch selbst herstellte, ging

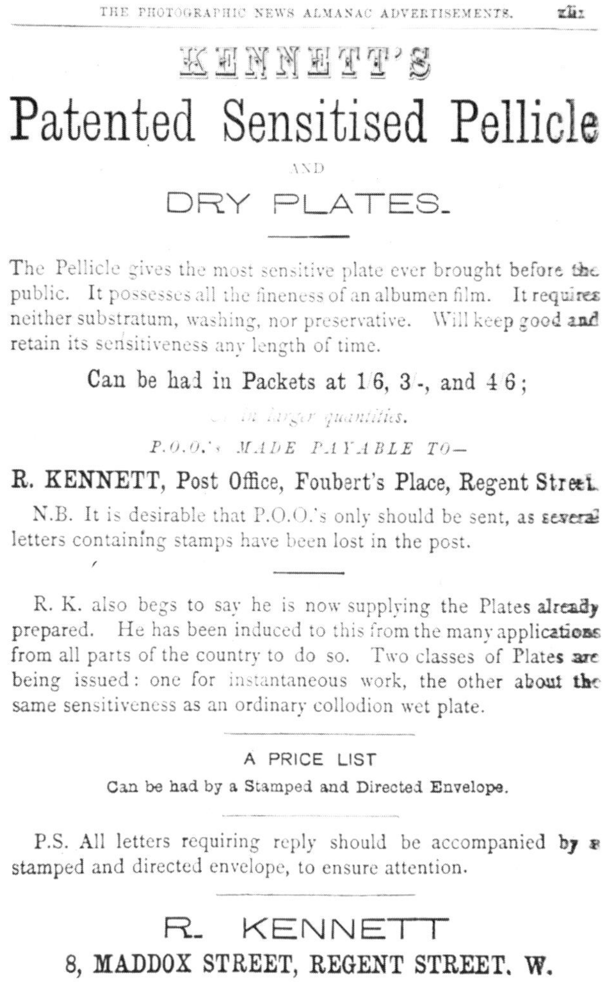

Ein Inserat für Kennetts Gelatine-«Pellicle», 1875.

Eine faltbare Trockenplattenkamera war geschlossen nahezu kompakt.

ein jeder nach seinen eigenen Methoden und Formeln vor. Je nach der Art der Vorbereitung änderten sich die Belichtungszeiten für die nasse Platte. Da die Platte an Ort und Stelle entwickelt wurde, konnten Irrtümer in der Belichtung sofort bemerkt und beim Entwickeln korrigiert werden, oder aber der Photograph wiederholte die Aufnahme. Die Gelatinetrockenplatte wurde in Mengen mit gleichbleibenden Eigenschaften hergestellt. Deshalb wurde es notwendig, die Empfindlichkeit der Platte zur Information des Photographen zu messen und zu beschreiben. Pioniere der hierzu notwendigen Methoden – von der Wissenschaft Sensitometrie genannt – waren in den letzten zwanzig Jahren des 19. Jahrhunderts in England Ferdinand Hurter und Vero Driffield. Die «H & D»-Skala zur Empfindlichkeitsmessung von Platten blieb lange Zeit die Standardmethode.

Bennet war der erste Hersteller einer wirklich gebrauchsfähigen Gelatine-Trockenplatte.

SCOVILL

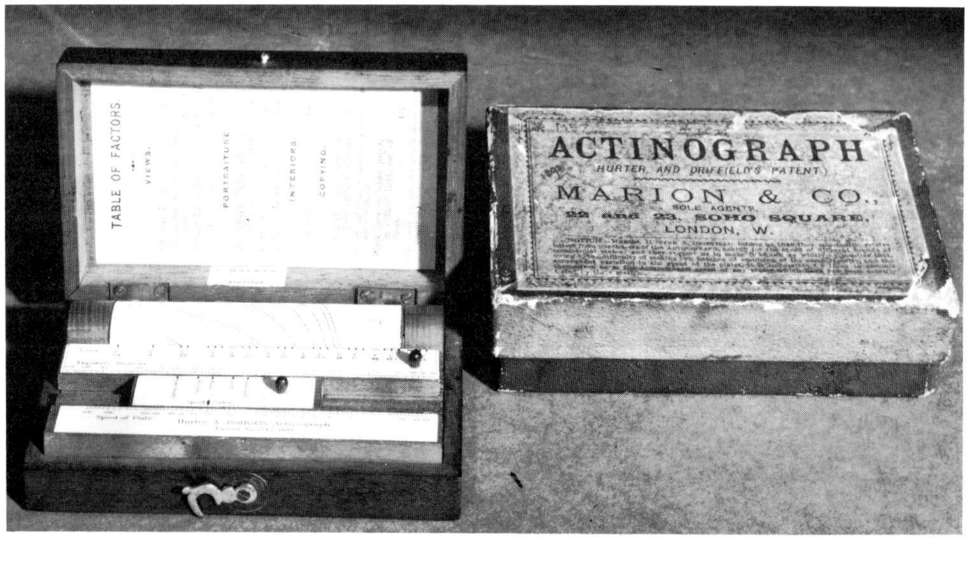
TABLE OF FACTORS
VIEWS
PORTRAITURE
INTERIORS
COPYING
ACTINOGRAPH
HURTER AND DRIFFIELD'S PATENT
MARION & CO.,
SOLE AGENTS
22 and 23, SOHO SQUARE,
LONDON, W.

Links oben: *Das angenehmere Arbeiten mit den neuen Trockenplatten machte manchen Frauen Mut, es mit der Photographie zu versuchen.*

Links unten: *Die Actinograph-Belichtungstabelle von Hurter und Driffield, 1888.*

Oben: *Ein «Infallible»-Aktinometer von Wynne, 1895, in einem Gehäuse aus massivem Silber. Früher im Besitz der Prinzessin Alexandra, einer eifrigen Amateurphotographin.*

Die Herstellung von Platten von bekannter, konstanter Empfindlichkeit machte es möglich und wünschenswert, Methoden der Belichtungsberechnung und -messung zu entwickeln. Einer der zuverlässigsten frühen Rechner war der Actinograph, erfunden von Hurter und Driffield, der 1888 auf den Markt kam. Nach Abschätzung der herrschenden Lichtverhältnisse war der Photograph in der Lage, mit dem Rechner die notwendige Blendenöffnung und die Belichtungszeit festzusetzen. Die ersten Belichtungsmesser waren Aktinometer, die es dem Photographen ermöglichten, die Helligkeit des zur Verfügung stehenden Lichts zu messen. Sie hatten gewöhnlich die Form einer Taschenuhr und enthielten in einem Einsatz ein Stückchen Auskopier-Papiers, das sich dunkel färbte, wenn es dem Licht ausgesetzt war. Gemessen wurde die Zeit, die das Papier braucht, um die Farbe einer Standard-Färbung zu erlangen, und mit Hilfe dieser Information konnten auf einer Skala die notwendigen Belichtungsdaten abgelesen werden. Einer der ersten Aktinometer wurde von Stanley in London um das Jahr 1886 angeboten; aber die beliebtesten englischen Modelle waren der «Infallible»-Aktinometer von Wynne und später der Bee-Meter von Watkins, der zuerst um 1900 verkauft wurde und bis in die 1930er Jahre allgemein in Gebrauch blieb.

Unter den vielen radikalen Umwandlungen, die die Einführung der Gelatine-Trockenplatte zur Folge hatte, war die erhebliche Verkürzung der Belichtungszeiten am wichtigsten. Zum ersten Male konnten ohne Schwierigkeiten «Momentaufnahmen» in Bruchteilen einer Sekunde gemacht werden. Die Photographie sich bewegender Objekte, lange ein Traum, wurde endlich Wirklichkeit.

Die Momentaufnahme

Ein Photograph macht eine Zeitaufnahme, indem er die Kappe über dem Objektiv entfernt und zugleich das Objektiv mit seiner Mütze beschattet.

Alle frühen photographischen Verfahren erforderten relativ lange Belichtungszeiten. Obwohl sich mit jeder Verbesserung des Verfahrens die Zeiten verringerten, waren es doch vor Einführung der Trockenplatte noch Sekunden oder sogar Minuten. Belichtungen von dieser Dauer wurden normalerweise durch Abheben und Wiederaufsetzen der Objektivkappe gemacht, während die Kamera fest auf einem Stativ oder einem Ständer ruhte. Es war unmöglich, Objekte in Bewegung scharf festzuhalten; in der Wiedergabe auf der Platte waren sie verschwommen. So wurde schon früh nach einem «Momentan»-Prozeß gesucht, der es dem Photographen gestattete, die Kamera in der Hand zu halten und Objekte «in Aktion» wiederzugeben. Die «Pistolgraph»-Kamera von Thomas Skaife aus dem Jahre 1856, die später sehr verbessert wurde, war mit einem Dallmeyer-Objektiv ausgestattet, das mehr als 200mal mehr Licht durchließ als das übliche Landschaftsobjektiv. Die Anwendung dieses außergewöhnlichen Objektivs war nur möglich, weil die benutzte Platte sehr klein war, ein gewölbtes Uhrglas von etwa 3,8 cm Durchmesser, das ein Objektiv mit einer Brennweite von 2,5 cm erforderte. Ein Verschluß, der durch ein Gummiband gespannt wurde, gestattete Belichtungen, die kurz genug waren, um langsam vorbeiziehende Objekte scharf abzubilden. Kameras dieses Typs gelangten nicht in den allgemeinen Gebrauch, und die frühesten «Moment»-Aufnahmen, die in großer Zahl veröffentlicht wurden, waren stereoskopische Ansichten. Wenn stereoskopische Photographien von bewegten Szenen gemacht wurden, so mußten beide Bilder gleichzeitig belichtet werden. Deshalb wurden hierzu Kameras mit einfachen Verschlüssen ausgerüstet, die über beide Objektive reichten. Diese frühen Verschlüsse waren gewöhnlich ganz einfache gleitende Metall- oder

Oben: Die Bewegungen der Flaggen und der Menschen während dieser Zeitaufnahme von den Festlichkeiten zur Feier des Endes des Krimkriegs erzeugten auf dem Photo verschwommene Partien.

Unten: Eine Stereokamera der Firma Cox, etwa 1862, die mit einem einfachen, durch ein Gummiband betätigten Verschluß ausgestattet ist.

Stoffstreifen und konnten Belichtungen bis zur Kürze einer Viertelsekunde ausführen. Das war ausreichend, weil das kleine Format des Abbildes – etwa 7,6 cm im Quadrat, das für die Vergrößerung im Stereoskop nötig war – es möglich machte, Objektive mit kurzer Brennweite und weiter Blendenöffnung zu verwenden. George Washington Wilson aus Aberdeen war ein Pionier der Photographie von Straßenszenen und anderen «bewegten» Objekten, die er von 1859 an in Serien stereoskopischer Ansichten herausgab. Es heißt, daß er seine Kurzbelichtungen mit Hilfe seiner Schottenmütze,

Eine Momentaufnahme der Princes Street, Edinburgh; nach einer Stereophotographie von G. W. Wilson, 1859.

Die Momentaufnahme eines Fährboots auf dem East River, New York, um 1861; nach einer Stereophotographie von E. und H. T. Anthony.

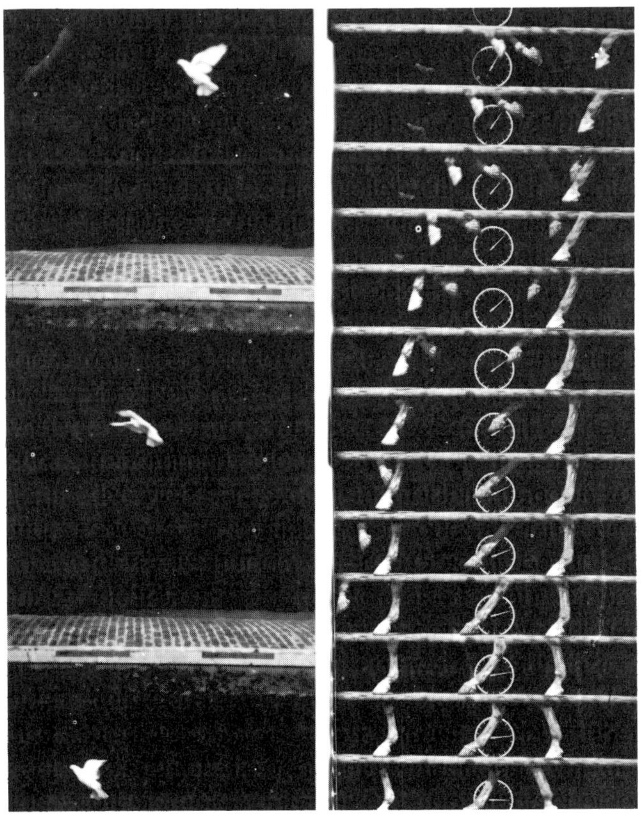

Photo-Bildfolgen eines Vogels im Flug und der Hufe eines trabenden Pferdes, aufgenommen von E. J. Marey in seiner chronophotographischen Kamera, um 1890.

mit der er die Objektive zu- und aufdeckte, durchführte.

Sir John Herschel wird gewöhnlich das Verdienst zugerechnet, den Ausdruck «Schnappschuß» für eine Momentaufnahme als erster verwendet zu haben. In den «Photographic News» vom 11. Mai 1860 schreibt er über «das bewegte Bild» und verweist auch auf «die Möglichkeit, ein Photo sozusagen durch einen Schnapp-Schuß aufzunehmen – ein Bild in dem Zeitraum einer Zehntel-Sekunde zu belichten». Es ist aber auch möglich, daß die Bezeichnung sich bereits allgemein in Gebrauch befand; in einem Bericht im «Photographic Journal» (das später «The British Journal of Photography» werden sollte) vom 1. Juli 1859 ist die Rede von einer Vorführung von Skaifes Pistolgraph-Kamera, und es wird beschrieben, wie der Assistent des Vorführenden den Befehl erhält, «mit seiner Kamera nach dem Aufnahmegegenstand zu schnappen». Festzuhalten ist, daß die Wiedergabe von Bewegung vor Einführung der Gelatinetrockenplatte ohne den Einsatz besonderer Apparate und Techniken kaum möglich war.

Einer der ersten Photographen – und wohl auch der bekannteste –, der die Bewegung zu seinem Spezialgebiet machte, war der Engländer Eadweard Muybridge, der lange Zeit seines Lebens in

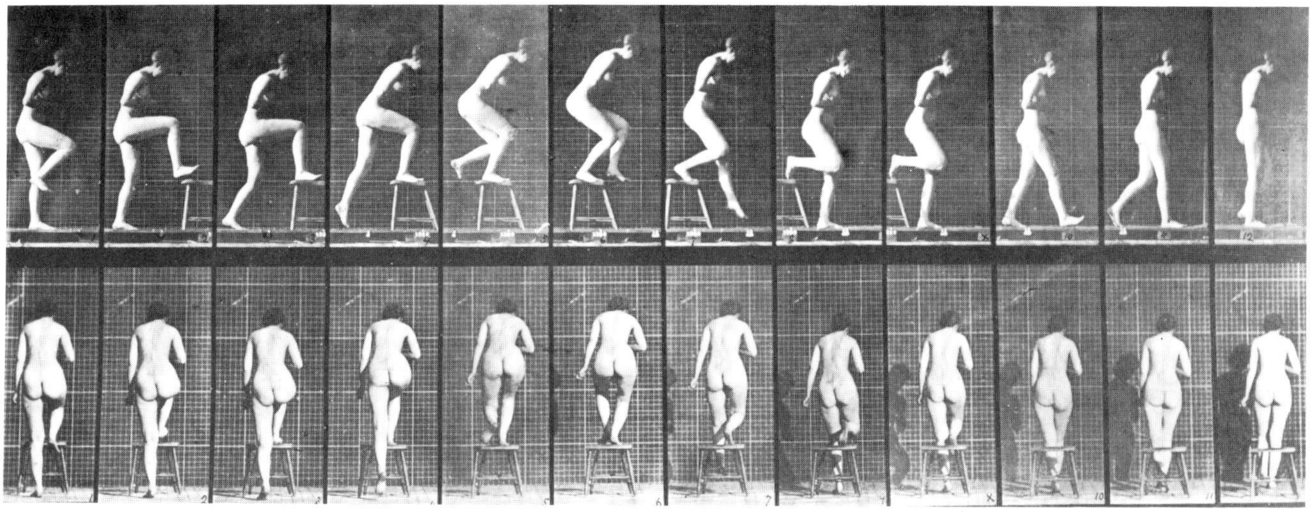

Photo-Bildfolge einer Frau, die auf einen Schemel steigt, von Eadweard Muybridge, 1887.

Ein Hund läuft. Bildfolge des Ablaufs seiner Bewegungen, von Ottomar Anschütz, um 1888.

Amerika arbeitete. In den frühen 1870er Jahren begann Muybridge, die Bewegungen des Pferdes photographisch zu untersuchen; dabei bediente er sich einer einfachen Verschlußart, um auf nassen Kollodiumplatten Momentaufnahmen zu machen, aber ohne einen entscheidenden Erfolg. Nach einer Unterbrechung seiner Versuche glückte es ihm 1877, mit einer verbesserten Apparatur den Gang eines trabenden Pferdes darzustellen, wobei die Belichtungen angeblich eine tausendstel Sekunde betrugen. Kurz darauf schuf er ein System, das aus einer Anzahl Kameras in einer Reihe bestand, deren durch Gummibänder betätigte Fallverschlüsse direkt durch die Bewegung des Tieres oder der Reihe nach elektrisch ausgelöst wurden. Obwohl Muybridge der erste war, der diese Idee in die Praxis umsetzte, war sie schon früher angeregt worden, besonders von dem schwedischen Kunstmaler Oscar G. Rejlander. Im «British Journal of Photography Almanac» für 1873 veröffentlichte Rejlander einen Artikel «Über das Photographieren von Pferden», in dem er sich mit der «kniffligen Frage» der genauen Stellung der Beine eines galoppierenden Pferdes befaßte und einen Weg zur Lösung dieser Frage vorschlug. «Man nehme ein Pferd und einen Reiter, wähle einen Punkt nahe bei oder auf einem sandigen oder staubigen weißen Weg in einer Entfernung von 150 Yards ... Dann hätte ich eine Batterie Kameras mit «schnell reagierenden» Objektiven bereitstehen, fertig vorbereitet und geladen. Auf das gegebene Signal hin startet der Reiter in einiger Entfernung von dem eingestellten Punkt, und in dem Augenblick, wo er ihn passiert – bäng! Im Handumdrehen ist alles geschehen, der Verschluß geöffnet und wieder geschlossen ...» Diese Anregung hat Muybridge wahrscheinlich gekannt, und sie mag ihn dazu bewogen haben, ein paar Jahre später sein erfolgrei-

Die Anschütz-Kamera, mit ihrem «Brennebenen»-Verschluß, um 1890.

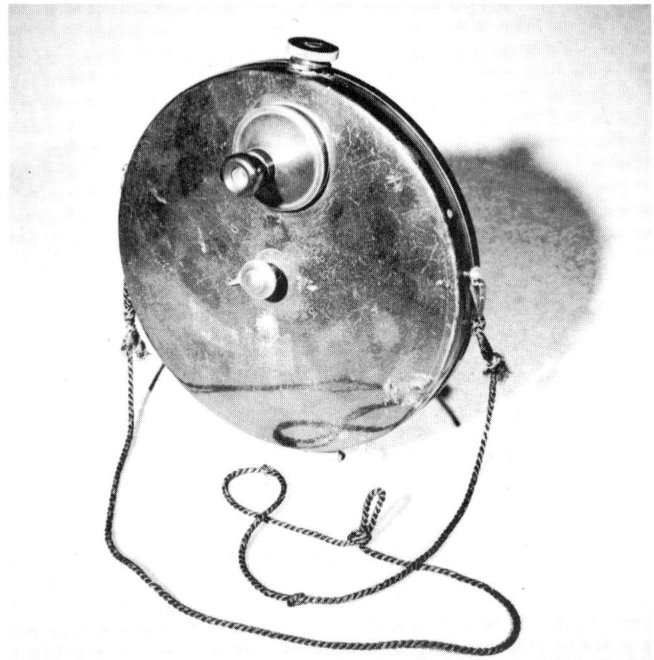

Die Stirnsche Detektiv-Kamera, um 1888, unter der Weste zu tragen; die Linse schaut aus dem Knopfloch.

ches System zu entwickeln. Die Gelatinetrockenplatte war ideal für seine Zwecke, denn sie war sehr empfindlich und einfach in der Handhabung. In den 1880er Jahren schuf Muybridge mit seinen Kamerabatterien eingehende Bewegungsstudien von Tieren und Menschen, die nach ihrer Veröffentlichtung alle bisherigen Vorstellungen vom Ablauf der Bewegung über den Haufen warfen. Seine Arbeiten führten letztlich zur erfolgreichen Entwicklung der Kinematographie durch andere Erfinder in den 1890er Jahren.

Professor Etienne Marey, ein französischer Physiologe, wurde durch die Arbeiten von Muybridge zum Bau einer Anzahl Kameras angeregt, in denen Bildfolgen auf einer einzigen Platte festgehalten werden konnten. Seine Experimente erreichten ihren Höhepunkt 1887 in einer «chronophotographischen» Kamera, mit der lange Serien von Bewegungsaufnahmen auf Rollen lichtempfindlichen Materials aufgenommen werden konnten. Diese Erfindung kann man als die erste praktische kinematografische Kamera betrachten. Wie Marey wurde auch Ottomar Anschütz, ein deutscher Photograph, durch Muybridges Arbeiten beeinflußt; im Jahre 1882 erfand er eine kleine Handkamera mit einem Rolltuch-Schlitzverschluß. Dies gestattete Belichtungen von der Kürze einer 1/1000 Sekunde. Er veröffentlichte viele ausgezeichnete Bewegungsstudien von Tieren; später benutzte er eine Batterie Kameras, um wie Muybridge Bewegungen in ihrer Aufeinanderfolge nachzugehen. Eine für den Handel geeignete Fassung seiner «Brennebenen»-Kamera wurde in den 1890er Jahren in Deutschland von der Firma C. P. Goerz angeboten.

Das große Interesse, das beim Publikum durch die Veröffentlichung der Ergebnisse dieser «Chronophotographen» geweckt wurde, führte zu einer raschen Entwicklung der Handkamera. Zuerst wurden die Standkameras auch für den Handgebrauch hergerichtet, indem man das Objektiv mit einem Verschluß versah und außerdem einen Sucher anbrachte, um dem Motiv einen Rahmen geben zu können. Bald erschienen kompaktere Kameras mit eingebauten Verschlüssen. Nicht lange danach wurden dann Geheimkameras zur großen Mode. Von den frühen 1880er Jahren an wurden sogenannte «Detektiv»-Kameras herausgebracht, als Pakete getarnt oder in solchen verborgen; sie erschienen in Form von Operngläsern, Handtaschen oder in Hüten, als Griffe für den Spazierstock und in vielerlei anderer Gestalt. Einige von ihnen, wie die beliebte Stirnsche «Secret» oder Westenkamera, wurden unter der Kleidung verborgen getragen. Für unsere Begriffe waren wenige wirklich gut versteckt; aber die «Detektiv-Kameras» waren der traditionellen Standkamera

Die Lancaster Instantograph-Standkamera, 1896. Für den Handgebrauch war sie mit einem durch Gummibänder betätigten Verschluß ausgerüstet.

unähnlich genug, um den viktorianischen Nicht-Photographen hinters Licht zu führen. Die meisten funktionierten nicht sehr gut, behindert durch ihre Form oder das verwendete Material. Als hauptsächliches Hindernis zeigte sich die damals allgemein in Gebrauch befindliche Glasplatte. Lästiges Hantieren war nötig, um Platten innerhalb der Kamera zu wechseln. Das Gewicht der Platten und die relative Größe der «Detektiv-Kameras» war eine Quelle der Unbequemlichkeit für alle, enthusiastische Photographen vielleicht ausgenommen.

Obgleich die Trockenplatte den Photographen der Notwendigkeit enthob, seine Platten selbst herzustellen, mußte er sie doch entwickeln und Abzüge von ihr machen, wozu er eine Dunkelkammer brauchte und die notwendige Geschicklichkeit. Diese Probleme und die mit ihnen verbundenen Kosten verhinderten, daß die Photographie ein Zeitvertreib für jedermann wurde . . . bis sich alles von Grund auf änderte: durch George Eastman.

Die erste Kodak Kamera

George Eastman, der Erfinder der Kodak Kamera.

Der junge amerikanische Bankangestellte George Eastman fing im Jahre 1877 an, sich für die Photographie zu interessieren. Er kaufte eine Ausrüstung für das Naßkollodiumverfahren und nahm bei einem Berufsphotographen Unterricht. Doch bald schon wurde er des mühsamen Verfahrens überdrüssig, er fand: «Man sollte schließlich auch mit weniger als der Last eines Packesels auskommen.» Als er durch das «British Journal of Photography» Bennetts Methode des «Reifens» von Gelatine-Emulsionen kennenlernte, beschloß er, es mit diesem neuen Verfahren zu versuchen. Eastman war so erfolgreich, daß er den Entschluß faßte, sich als Hersteller von Trockenplatten geschäftlich niederzulassen; die Beschichtungsmaschine, die er benutzte, war eine eigene Erfindung, die er sich 1897 patentieren ließ. Seine ersten im geschäftlichen Rahmen hergestellten Trockenplatten wurden 1880 verkauft – durch E. & H. T. Anthony, die führende amerikanische Vertriebsfirma für photographischen Bedarf. Im Jahre 1881 wurde die Eastman Dry Plate Company gegründet und Eastman verließ die Bank, um sich voll seinem neuen Unternehmen zu widmen. Nach einigen Rückschlägen blühte das Geschäft, und er begann, über eine Vereinfachung der Photographie nachzudenken. Eine der größten Schwierigkeiten war immer noch das Hantieren mit der schweren, großen und zerbrechlichen Glasplatte; für den Touristen konnte eine Anzahl Platten im Gepäck «untragbar» werden. Eastman beschichtete mit der Gelatine-Emulsion ein Negativmaterial aus Papier, das nach dem Entwickeln durch Behandlung mit Wachs durchscheinend gemacht wurde, wie es früher im Kalotypieverfahren geschehen war. Außerdem empfahl er eine Behandlung mit heißem Rizinusöl. Anders als die früheren Papierverfahren war das neue Material sehr lichtempfindlich und wurde in Bogen verkauft, die sich in der Größe für die meisten Plattenkameras eigneten, in denen sie mit Hilfe einer passenden Halterung verwendet wurden. Im Jahre 1884 trat William H. Walker, ein Kamerabauer, in Eastmans Firma ein, und zusammen entwickelten sie einen Rollenhalter, der sich in jeder Standard-Plattenkamera anbringen ließ. Er hielt eine Rolle Negativmaterial, das nach jeder Belichtung durch das Drehen eines Schlüssels weitertransportiert wurde; ein hörbares Signal zeigte an, wenn genug abgewickelt worden war. Auf einer einzigen Rolle konnten vierundzwanzig Aufnahmen belichtet werden.

Auch früher schon waren Versuche gemacht worden, in Kameras Papierrollen zu verwenden; eine der ersten in England 1854 patentierten Methoden stammte von J. B. Spencer und A. J. Melhuish. Nach ihrem Entwurf wurden mehrere Bogen Kalotypiepapier aneinandergeklebt und auf Rollen gewickelt; dies hat sich in der allgemeinen Praxis nicht durchgesetzt. Erfolgreicher war L. Warnekkes Rollpapier-Kassette von 1875; die Papierrolle, die er benutzte, trug eine sensibilisierte Trockenkollodium-Schicht und hatte Raum für 100 Belichtungen. Obwohl die Apparatur mechanisch einwandfrei war, befriedigte das empfindliche Material nicht, und daher wurde von dem ganzen System wenig Gebrauch gemacht. Der Eastman-Walker Rollenhalter war gut gearbeitet und mit Papiernegativfilm von gleichmäßiger Qualität ausgestattet und sofort bei seiner Einführung im Jahre 1885 erfolgreich. Bald danach wurde ein verbessertes Negativmaterial unter dem Namen «American Film» herausgebracht. Eine Gelatine-Emulsion wurde auf eine Lage löslicher Gelatine geschichtet, die auf Papier aufgetragen worden war. Das Papier lieferte eine feste, biegsame Stütze für die Emulsion während der Belichtung und Entwicklung des Negativs. Nach dem Einweichen des entwickelten «Films» in warmem Wasser konnte das Negativ von der papierenen Unterlage abgezogen und nach einer Reihe von Arbeitsgängen auf Glas- oder Gelatineflächen übertragen werden; das Kopieren erfolgte dann auf die normale Art. Der neue «Abzieh»-Film verband die Vorteile der Leichtigkeit und Bequemlichkeit des Papiers während der Belichtung mit der Transparenz von Glas beim Kopieren.

Das Zusammenwirken des leichtgewichtigen empfindlichen Materials und des zuverlässigen Rollenhalter-Mechanismus wurde von vielen Photographen begrüßt und übernommen; aber Eastman war noch nicht zufrieden. Ihm schien die Photographie immer noch zu kompliziert, denn nicht nur die Aufnahme als solche, sondern auch das Entwicklen und Kopieren mußte vom Photographen besorgt werden, wozu Hilfsmittel und Fertigkeiten gehörten, die nicht jedermann zu Gebote standen. Und obwohl einige «Detektiv»-Kameras einigermaßen kompakt waren, war doch die Mehrzahl der Photoapparate unförmig groß. Er beschloß, eine Kamera für das Rollenhalterprinzip zu konstruieren, die klein und einfach im Gebrauch war. Seine ersten Versuche ergaben 1886 ein gemeinsames Patent mit F. M. Cosset für eine «Detektiv-Kamera». Sie hatte die Form einer Box, in der sich sowohl ein Plattenhalter als auch ein

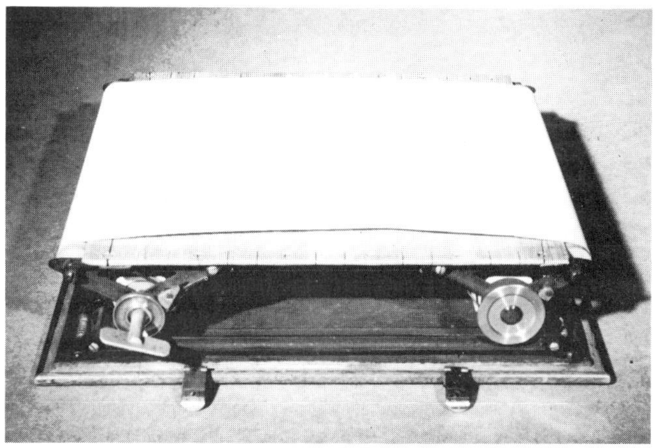

Der Eastman-Walker Rollenhalter von 1885 konnte in eine herkömmliche Plattenkamera eingepaßt werden und war mit einer Rolle Negativpapier ausgerüstet, die 24 Aufnahmen gestattete.

Die erste Kodak Kamera, 1888, mit dem Zelluloid-Rollfilm, der für sie geschaffen wurde.

Eastman-Walker Rollenhalter wahlweise verwenden ließ. Sie war für den Handgebrauch gedacht; ihr Verschluß, ein Innenverschluß, war besonders sinnreich konstruiert. Ein Muster dieser Kamera wurde im Juni 1886 auf der St. Louis Photographic Convention gezeigt. Ende 1887 waren 50 Exemplare fertiggestellt; aber mehr, entschied Eastman, sollten nicht gebaut werden. Die Konstruktion war zu kompliziert; sie trieb die Kosten zu hoch. Im Jahre 1888 verkaufte Eastman einen Posten von 40 Stück an einen Händler zum Wiederverkaufspreis von je 50 $ und wandte sich einem neuen Entwurf zu. Seine neue Kamera wurde 1888 patentiert. Sie hatte wieder die Form einer Box und einen eingebauten Rollenhalter. Sie war klein – 9,5 cm hoch, 8,3 cm breit und 16,5 cm lang –, also leicht in der Hand zu halten. Der Rollenhaltermechanismus war mit einer Rolle Abziehfilm geladen, die für 100 kreisrunde Belichtungen mit einem Durchmesser von 64 mm ausreichte. Ein klug erdachter zylindrischer Verschluß wurde gespannt, indem man an einer Schnur zog, und durch Druck auf einen Knopf betätigte. Durch das Drehen eines Schlüssels wurde der Film weitertransportiert; an einem rotierenden Anzeiger konnte abgelesen werden, wann genug abgewickelt war.

Um die neue Kamera einzuführen, erfand Eastman das Warenzeichen «Kodak» – unverwechselbar, nicht leicht falsch zu buchstabieren, in fast allen Sprachen ähnlich ausgesprochen und eben ganz anders als irgendein anderes Warenzeichen. Die Idee des neuen Apparates erläuterte Eastman in einem kleinen Heft, dem «Kodak Primer», so: «Kann denn irgendeiner, Mann oder Frau (denn es gibt auch Tausende von weiblichen Anhängern der photographischen Kunst), der seinen Verstand beieinander hat, bestreiten, daß die Notwendigkeit, zehn Verrichtungen durchzuführen, wobei ein einziger Fehler die ganze Arbeit zunichte machen würde, einer sonst höchst erfreulichen Beschäftigung nicht allen Reiz nimmt? . . . Das Prinzip des Kodak-Systems besteht in der Trennung von Arbeiten, die jeder Photographierende leisten kann, von den Arbeiten, die nur der Fachmann beherrscht . . . Wir beliefern jeden, Mann, Frau oder Kind, der genügend Intelligenz besitzt, eine Box gerade auf das Ziel zu richten und auf einen Knopf zu drücken ... mit einem Gerät, das die Ausübung der Photographie von besonderen Einrichtungen und Fachkenntnissen unabhängig macht. Es läßt sich ohne ein besonderes Vorstudium, ohne Dunkelkammer und ohne Chemikalien verwenden.» Diese letzte Feststellung traf den «revolutionären» Kern von Eastmans Erfindung am besten. Um den Verkauf seiner Kamera zu fördern, gründete Eastman als erster einen Entwicklungs- und Kopierdienst. In England wurde die Kodak Kamera durch eine von Eastman 1885 gegründete Organisation für fünf Guineen verkauft, fertig geladen mit einem Abziehfilm für 100 Belichtungen. Wenn der Eigentümer seine 100 Bilder aufgenommen hatte, wurde die Kamera an Eastmans Fabrik zurückgeschickt. Hier wurde der Film herausgenommen, die Kamera neu geladen und unverzüglich an den Kunden zurückgesandt. Die Negative wurden entwickelt und kopiert und zusammen mit den auf Karten aufgezogenen Bildern dem Kunden innerhalb von etwa zehn Tagen wieder zugestellt. Dies alles kostete einschließlich des neuen Films zwei Guineen. Der Kunde brauchte sich nicht mehr die Hände mit Chemikalien schmutzig zu machen; eine Dunkelkammer war überflüssig. Obgleich ein Leitfaden mitgeliefert wurde, in dem eingehende Informationen über das Laden, Herausnehmen und die Entwicklung des Films in der Dunkelkammer enthalten waren, zogen es die meisten Kunden vor, ihre Kamera an die Fabrik zurückzuschicken. Eastman gab seiner Kamera den nun schon klassischen Slogan mit auf den Weg: «Sie drücken auf den Knopf, wir machen den Rest»

Die Kamera war leicht zu gebrauchen, selbst für einen Anfänger. Durch die Wahl eines kleinen Negativformats konnte Eastman mit einem Objektiv mit kurzer Brennweite auskommen, wodurch sich die Schärfentiefe vergrößerte. Dementsprechend erübrigte sich eine Entfernungseinstellung, da alles von etwa 1 m an bis «unendlich» scharf wiedergegeben wurde. Schnappschüsse waren nur bei hellem Sonnenschein möglich; aber bei einiger Manipulation des Verschlusses konnten in Innenräumen Zeitaufnahmen gemacht werden. Ein Sucher war nicht vorgesehen; aber der Oberseite der Kamera waren Linien zum Anvisieren aufgeprägt, um den Bildwinkel anzuzeigen. Da die Kamera, die einen Film für 100 Aufnahmen enthielt, keinen Belichtungszähler besaß, war es äußerst wichtig, das mitgelieferte Merkbuch korrekt auszufüllen, damit

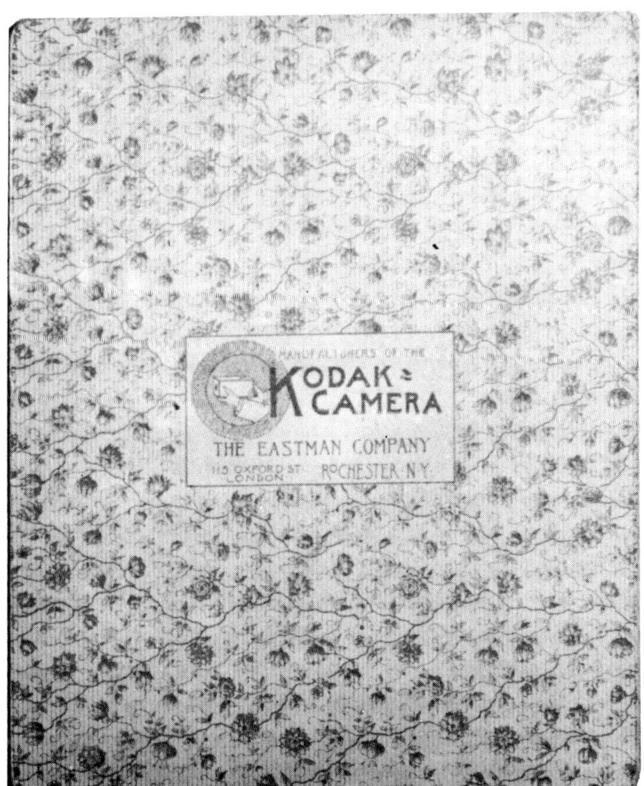

Die Abzüge von Kodak Kamera-Negativen wurden dem Kunden auf rückseitig bedrucktem Karton aufgezogen zurückgesandt.

«Auf der Jagd», aufgenommen von der Herzogin von Bedford mit der Kodak Nr. 1 Kamera, etwa 1895.

Ein Eastman-Inserat der frühen Zeit mit dem berühmten Slogan.

man den Aufnahmen auf der Spur blieb.

Die Kamera kam im Juni 1888 heraus und war sofort ein Erfolg. Menschen, die nie zuvor ein Bild aufgenommen hatten, waren nun in der Lage, schöne Photos zu machen. Besonders bei Touristen erfreute sich die Kodak Kamera großer Beliebtheit. «Es ist das größte Geschenk, das man einem Reisenden wie mir machen kann, daß es jetzt möglich ist, eine vollständige photographische Sammlung von Reiseeindrücken mit nach Hause zu bringen, und das bei einem so geringfügigen Einsatz von Zeit und Geld», lautete eins der ersten Anerkennungsschreiben. Eastman war jedoch mit dem Filmmaterial noch nicht zufrieden; der Abziehfilm verlangte Arbeitskräfte, die Zeit und Geld kosteten. Eine längere Zeit schon hatte Eastman einen Chemiker, Henry M. Reichenbach, eingestellt und ihn beauftragt, einen annehmbaren Ersatz zu finden: biegsam wie Papier, klar wie Glas und zäher als beide. Diese Eigenschaften hatte Zelluloid – Nitrozellulose. Dieses synthetische Material wurde 1861 von dem Engländer Alexander Parkes erfunden; er nannte es Parkesine. Die Form, in der es hergestellt wurde, war jedoch für lange Zeit nicht klar und ebenmäßig genug für die Photographie. Erst Ende der 1880er Jahre boten verschiedene Plattenfabrikanten beschichtete Zelluloid-Bögen als Ersatz für Glasplatten an; die ersten wurden 1888 von John Carbutt in Philadelphia verkauft. Diese Art Zelluloid war noch ziemlich dick und nicht sehr biegsam und ließ sich nur schwer zu langen Rollen verarbeiten. Durch Auflösen von Cellulosenitrat in Alkohol gelang es nun Reichenbach, dünne Lagen Zelluloid herzustellen, indem er den «Stoff» auf Tische mit Glasplatten schüttete und ihn sich dort setzen ließ. Der so gewonnene Film war sehr dünn, aber noch zu spröde, um sich rollen zu lassen. Dann aber fand Reichenbach, daß sich durch verschiedene Zusätze ein dünner, biegsamer und vollkommen klarer Film erzeugen ließ. Das Verfahren wurde im April 1889 patentiert, und im Sommer desselben Jahres befanden sich durchsichtige Zelluloidfilme für die Kodak Kamera und die Rollenhalter in der Produktion. Der Film wurde hergestellt, indem man das Material auf lange, mit Spiegelglas bedeckte Tische goß. Hatte sich das Zelluloid gefestigt, wurde es an Ort und Stelle mit Gelatine-Emulsion beschichtet; nach dem Trocknen wurde der Film abgestreift, nach Größen geschnitten und gerollt. Dies war der erste kommerziell hergestellte durchsichtige Rollfilm.

«Gibraltar», eine Aufnahme von Furley Lewis (1889) mit der Nr. 1 Kodak Kamera.

Im Oktober 1889 wurde eine verbesserte Kamera mit einem abgewandelten Verschluß eingeführt; sie erhielt die Bezeichnung Kodak Nr. 1 Kamera, zum Unterschied von einem neuen, größeren Modell, der Nr. 2, deren kreisrundes Negativ 89 mm maß. In dem folgenden Jahr wurden fünf weitere größere Modelle angeboten; zwei von ihnen waren Klappkameras, und alle verwendeten Zelluloidrollfilme, die in der Dunkelkammer geladen werden mußten. 1891 stellte Eastman drei Modelle vor, die bei Tageslicht geladen werden konnten. Die A, B und C Kodak Daylight Kameras enthielten die Rolle Zelluloidfilm eingeschlossen in einen Karton; am Anfang und am Ende des Films befand sich ein Streifen schwarzes Papier oder Stoff, das ihn beim Laden und Herausnehmen vor dem Tageslicht schützen sollte. Dies war sicherlich ein Fortschrift, aber nicht in dem Maße, wie Eastman gehofft hatte. Die Schnappschuß-Photographie war immer noch nicht einfach genug.

Die Photographie für jedermann breitet sich aus.

Die Kodak Pocket Kamera, 1895. Dies war die erste Eastman-Kamera, die mit einer Rollfilmpatrone geladen wurde.

Durch die Einführung der Kodak Kameras, unterstützt durch den Entwicklungs- und Bilderdienst, war die Photographie Tausenden nahegebracht worden, die sich bisher nie mit ihr befaßt hatten. Ehe jedoch die «Schnappschuß»-Photographie wirklich Allgemeingut werden konnte, galt es noch zwei schwerwiegende Nachteile fortzuräumen. Erstens: Die Notwendigkeit, 100 Bilder zu verknipsen, ehe der Film zur Rücksendung bereit war, konnte leicht zu Verschwendung oder dem Nachlassen des Interesses führen. Deshalb war eine einfachere Art des Ladens, die dem Verbraucher die Möglichkeit gab, seinen Bedarf durch kürzere Filme zu decken, dringend geboten. Zweitens: Die Kosten waren immer noch hoch, denn der Preis von 5 Guineen für die erste Kodak Kamera war eine beachtliche Summe. Daher war Eastman darauf bedacht, Mittel und Wege zu finden, um die Kosten und Komplikationen der Schnappschuß-Photographie weiter zu verringern. Eine Lösung dieser Probleme bot eine Kamera, die 1892 von der Boston Camera Manufacturing Company auf den Markt gebracht wurde. Diese «Bull's Eye» Kamera verwendete eine Erfindung von Samuel N. Turner, bei der ein Stück Zelluloidfilm an einem Ende an einem noch längeren Streifen schwarzen Papiers befestigt war, der den Film beim Aufrollen auf die Spule vor Licht schützen sollte. Dem schwarzen Papierrücken waren weiße Nummern aufgedruckt, die man durch ein rotes oder gelbes Fensterchen in der Kamerarückwand ablesen konnte. Durch Weiterschalten des Films von Nummer zu Nummer wurde für jede Belichtung die richtige Menge Film abgespult; das schwarze Papier bot auch genügend Schutz, um den Film bei Tageslicht zu laden und zu entnehmen. Im Jahre 1894 erwarb Eastman von Turner eine Lizenz, die ihm die Benutzung des «Patronen»-Filmsystems gestattete (so genannt

wegen der Ähnlichkeit des Rollfilms mit einer Gewehrpatrone und der Leichtigkeit des Ladens). Die erste Kodak Rollfilmkamera erschien im Jahre 1895. Es war eine winzige Boxkamera 6,6 cm breit, 5,6 cm hoch und 2 cm dick; sie lieferte Bilder im Format 3,8 x 5 cm auf einem Rollfilm für zwölf Aufnahmen. Sie erhielt den Namen Kodak Pocket Kamera, und da ihre einfache Konstruktion die Massenproduktion erlaubte, war Eastman in der Lage, sie für eine Guinee zu verkaufen. Auf Anhieb wurde sie zum Verkaufsschlager. Trotz ihrer Kleinheit eigneten sich die Negative zur Vergrößerung und ergaben Abzüge von hoher Qualität. 1895 erwarb Eastman sämtliche Rechte an Turners Erfindung und begann mit der Herstellung weiterer Kameras für den Patronenrollfilm, einschließlich einer neuen Version der «Bull's Eye» Kamera. Um die Bildgröße zu steigern, ohne dabei die Gesamtgröße der Kamera erheblich zu verändern, wurde ein neues Klappmodell konzipiert und im Herbst 1897 herausgebracht. Die Pocket Folding Kodak

Oben: Londoner Blumenverkäuferin, 1896, aufgenommen mit der Kodak Pocket Kamera.
Unten: Die Kodak Folding Pocket Kamera, 1897.

Oben «Rue Clichy, Paris», eine Aufnahme mit der Kodak Folding Pocket Kamera, von George Eastman 1897 gemacht.
Unten: Die Brownie Kamera, 1900.
Rechts: «Das Brownie Mädchen». Die Brownie Kamera war besonders beliebt bei Kindern; sie kostete fünf Schilling.

Kamera war die erste in einer Reihe von Klappkameras, deren Form über 60 Jahre lang in Gebrauch blieb. Für den Photographen mit größerer Erfahrung brachte Eastman 1897 das erste einer Reihe von Modellen größeren Formates heraus – die Kodak Cartridge Kameras. Diese hatten eine anspruchsvollere Konstruktion und waren in der Hand des erfahrenen Photographen vielseitiger als die schlichten Boxkameras.

Immer noch beschäftigte Eastman die Kostenfrage: obwohl die Pocket Kodak Kamera, die eine Guinee kostete, sich großer Beliebtheit erfreut hatte, war sie doch noch außerhalb der finanziellen Möglichkeiten von Millionen, die auch gern Bilder gemacht hätten. Ganz besonders wünschte sich Eastman eine Kamera, die billig genug und im Gebrauch einfach genug war, um sie Kindern in die Hand zu geben. Ein neues Modell wurde entwikkelt, entworfen von Eastmans Kamerakonstrukteur Frank Brownell; es wurde – zuerst im Jahre 1900 – als Brownie-Kamera verkauft. Die Kamera war eine einfach Box und kostete fünf Schilling; auf Patronenrollfilm lieferte sie Bilder von 5,7 cm im Quadrat. Wie bei der ersten Kodak Kamera waren der Oberseite Visierhilfen aufgeprägt, um das Zielen zu erleichtern; außerdem war für einen Schilling extra ein Reflexsucher als Zubehör zu haben. Mit dieser einfachen Kamera und der Kamerafamilie, die sich aus ihr entwickelte, haben ungezählte Millionen den Weg zur Photographie gefunden, darunter viele Männer und Frauen, die führende Photographen dieses Jahrhunderts wurden.

Die Popularität der Photographie, die um 1900 mit der Einführung der Brownie Kamera begann, sollte eine beträchtliche soziale Bedeutung erlangen. Das Schnappschuß-Photoalbum lieferte dem «Mann auf der Straße» zum ersten Male bleibende Aufzeichnungen von seiner Familie. Wie wichtig dieses familiäre Moment war, ist an dem plötzlichen Anstieg des Verkaufs von Kameras und Photomaterialien während des Ersten Weltkriegs abzulesen. Die Einführung der einfachen Kamera ist kritisiert worden, weil sie eine Fülle künstlerisch belangloser Bilder hervorgebracht habe; doch dies Argument geht an der Tatsache vorbei, daß Familienphotos nicht nur für die unmittelbar Betroffenen, sondern auch für den Sozialhistoriker einen Wert darstellen. Zum ersten Male in der Geschichte gibt es authentisches Material über das Aussehen und die Aktivitäten des Alltagsmenschen, das nicht durch bestimmte Ansichten oder

Die Dubroni Kamera, 1864, in welcher die feuchte Platte innerhalb der Kamera sensibilisiert, belichtet und entwickelt wurde; die Chemikalien wurden durch die Öffnung auf der Oberseite hineingebracht.

Vorurteile des Photographen geprägt worden ist.

Der große Erfolg der einfachen Rollfilmkamera hatte einen bedeutenden Einfluß auf die Entwicklung anderer Zweige der Photographie. Obgleich die Plattenkamera im ersten Viertel unseres Jahrhunderts noch viel gebraucht wurde, wandten sich die Photographen mehr und mehr der Rollfilmkamera zu, und man konnte unter einer Vielzahl von Fabrikaten und Modellen wählen. Die Hersteller von Plattenkameras versuchten, wettbewerbsfähig zu bleiben, indem sie Boxkameras entwickelten, die ein Dutzend oder mehr im voraus in der Dunkelkammer geladene Platten enthielten; aber mit ihren Rollfilmgegenstücken verglichen waren diese Kameras mit den Plattenmagazinen schwer und umständlich zu handhaben. Der schnell wachsende Markt für photographische Waren förderte die Entwicklung neuer Apparate und Materialien, und die handwerkliche Herstellung photographischer Artikel machte im Laufe weniger Jahre der Massenproduktion Platz.

Um das Jahr 1900 lag die Photographie in ihren Grundzügen fest; seit der Einführung der Gelatine-Trockenplatte hat sich in der Chemie des Verfahrens nichts Grundlegendes mehr geändert. Bisher hat sich trotz ständiger Forschung kein Material gefunden, das so empfindlich oder so vielseitig wie die Silbersalze wäre. Selbstverständlich hat das photographische Material eine stete Verbesserung erfahren; es gibt heute Rollfilme, die fast dreihundertmal so empfindlich sind wie Eastmans erster Zelluloidrollfilm. Verbesserungen in der Qualität des empfindlichen Materials gestatten heute den Gebrauch sehr kleiner Negative, die einer vielfachen Vergrößerung fähig sind. Im Jahre 1900 wurde jede Kamera, die Negative von kleinerem Format als 12x18 cm verwendete, noch als eine «Kleinbildkamera» angesehen. Dies ist über 72mal der Flächeninhalt der Bilder, die in den Pokketkameras von heute erzeugt werden.

Die grundlegenden Prinzipien der Farbphotographie waren um die Jahrhundertwende bereits angeregt und demonstriert worden, lange nach der Vorführung des ersten Farbphotos durch James Clerk Maxwell 1861; verschiedene Methoden, farbige Diapositive und Farbbilder herzustellen, waren im Gebrauch. Aber alle bedurften einer erheblichen Geschicklichkeit und Erfahrung: Die Ära des einfachen Farb-Schnappschusses war noch weiter als eine Generation entfernt.

Obwohl die Kameras in den letzten 70 Jahren zunehmend vielseitiger und kompakter geworden sind, weisen sie doch wenige grundlegende Merkmale auf, die nicht zu Beginn des Jahrhunderts schon vorhanden gewesen wären oder sich angekündigt hätten. Etwas grundlegend Neues scheint die neuerdings angewendete Elektronik bei Kameraverschlüssen zu sein; aber selbst hier erfüllt das komplizierte Schaltungssystem Aufgaben, die denen ähneln, die früher von Getrieben, Federn und Hebeln übernommen wurden. Neue Arten von Glas haben in den letzten Jahren die Qualität der Objektive bedeutend verbessert, aber so manches Kameraobjektiv stützt sich auf Entwürfe, zu denen die Anregung aus dem vorigen Jahrhundert stammt. Selbst die modernen «Sofortbild-Kameras» haben – wenn auch primitive – Gegenstücke in einer Anzahl Kameras, die um die Mitte des vorigen Jahrhunderts in Gebrauch waren: Kameras, bei denen alle chemischen Vorgänge vom Sensibilisieren an im Inneren ausgeführt wurden.

Die ersten praktisch verwendbaren «Lebenden Bilder», die durch die Pionierarbeit von Muybridge und Marey angeregt und durch den Zelluloidfilm

Der «Lumière-Cinématographe» – eine Kombination von Cinekamera, Projektionsapparat und Kopiereinrichtung, 1896. Die ersten öffentlichen Vorführungen projizierter Filme wurden mittels eines Prototyps dieser Maschine 1895 veranstaltet.

«Das Liebeswerben des Soldaten», aus einem frühen kinematographischen Film von R. W. Paul, 1897.

von Eastman 1889 möglich geworden waren, wurden 1893 mit Edisons Kinetoscope-Maschine öffentlich vorgeführt; gegen Ende des Jahres 1895 projizierten die Brüder Lumière aus Lyon Kinofilme für ein zahlendes Publikum. Innerhalb eines Jahres hatte sich die Kinematographie über die ganze Welt verbreitet. Tonaufzeichnungen, verbunden mit dem «Lebenden Bild», waren schon von Edison in Amerika 1896 vorgeführt worden; der erste Farbfilm folgte nur 10 Jahre später.

Die Entwicklung der Photographie von den ersten schattenhaften, vergänglichen Abbildern, die von Wedgwood geschaffen wurden, bis zur Einführung der einfachen, allen erreichbaren Kamera dauerte fast genau 100 Jahre. Während dieser Zeit schufen Photographen, die oft mit unzulänglichem Material und unvollkommenem Gerät arbeiten mußten, einige der schönsten Photographien, die je gemacht wurden. Was uns von ihren Werken erhalten geblieben ist, illustriert die Entwicklung der schöpferischen Photographie, die das technische Wachstum begleitete.

« Ihr Bild in ein paar Sekunden »

Die Abbildung des Menschen war von Anbeginn an ein wichtiges Gebiet der Photographie. Die Daguerreotypie stand in direktem und wirksamem Wettbewerb mit dem Miniaturporträt; die Kamera hielt innerhalb weniger Augenblicke ein Abbild fest, das mehr Detail enthielt als die in Stunden geleistete Arbeit des Malers. Das fertige Bild wurde oftmals zart handkoloriert und in einem Etui verwahrt – ähnlich dem für gemalte Miniaturen. Das Porträtieren mit Hilfe des Daguerreotypieverfahrens war allerdings zunächst so mühsam, daß es praktisch nicht durchführbar war. Dies änderte sich erst, als um 1840 durch eine Reihe von Verbesserungen die Belichtungszeiten von Minuten auf Sekunden herabgesetzt werden konnten. Nur ganz wenige Porträts aus der frühesten Zeit sind uns erhalten geblieben. Eins der hervorragendsten ist das Bild von Miss Dorothy Draper, das im Sommer 1840 von ihrem Bruder Dr. Draper aus New York aufgenommen wurde. Der erste englische Lizenzträger Daguerres war Antoine François Claudet, der 1840 in London begann, Daguerreotypien anzufertigen und zu verkaufen. Er wurde nicht nur ein führender Daguerreotypist, er förderte auch die Entwicklung der Photographie durch einige wichtige Beiträge. Das erste kommerzielle Photoatelier in Großbritannien wurde von Richard Beard, einem Londoner Kohlenhändler, als Spekulationsobjekt eröffnet, der John Goddard in seine Dienste nahm, um das Geschäft zu führen. Nach der Eröffnung im März 1841 zog Beard beachtliche Summen aus diesem Geschäft und aus dem Verkauf von Linzenzrechten an Photographen in der Provinz. Später verlor er den größten Teil seines Vermögens in einem Rechtsstreit, in dem es um den Schutz seines Monopols ging, das sowieso mit dem Ablauf von Daguerres Patent 1853 beendet war.

Von Claudet und Beard abgesehen waren die wichtigsten Daguerreotypisten Londons W. E. Kilburn und John Jabez Mayall, ein Amerikaner, der 1846 aus Philadelphia gekommen war, wo er die Daguerreotypie unter dem Namen «Professor Highschool» ausgeübt hatte. Die Arbeit beider Photographen war von gleichbleibend hoher Qualität. Claudets Assistent T. R. Williams machte sich um das Jahr 1850 in London als Porträtphotograph selbständig. Nach 1853 bedienten sich viele englische Photographen, bekannte und unbekannte, ein paar Jahre lang des Daguerreotypieverfahrens. Manche dieser Arbeiten sind qualitativ sehr gut. In dem von jeder Beschränkung durch Patentrechte freien Amerika wurde die Daguerreotypie länger in großem Umfang ausgeübt als in England. Mathew Brady, der später durch seine Aufnahmen vom Amerikanischen Bürgerkrieg berühmt wurde, hat als Porträt-Daguerreotypist angefangen.

Das Kalotypieverfahren wurde für die berufsmäßige Porträtphotographie weniger benützt, obwohl auf vielen von Talbots frühen Bildern Menschen zu sehen sind. Der Miniaturmaler Henri Collen und Antoine Claudet erwarben Lizenzen von Talbot, um mit dem Kalotypieverfahren Porträts zu machen, aber keiner von beiden hatte damit geschäftlichen Erfolg. Andere wieder, wie Henry Victor Regnault in Sèvres, bildeten mit dem Verfahren in erster Linie Landschaften ab und hielten nur ihre Freunde und Bekannten auf Papiernegativen fest. Die hervorragendsten Kalotypie-Porträts machten zwei Schotten, David Octavius Hill und Robert Adamson. Im Jahre 1843 faßte Hill, ein Maler, den Entschluß, ein Monumentalgemälde zu schaffen, auf dem alle 450 Delegierten der Synode, auf der die schottische Freikirche gegründet wurde, abgebildet werden sollten. Hill erkannte, daß die Photographie das einzige Mittel für ihn war, um die für das Gemälde notwendigen Porträts aller Geistlichen zu erhalten. Robert Adamson hatte das Kalotypieverfahren in Edinburgh gelernt und übte es dort aus; Hill tat sich mit ihm zusammen, und es ergab sich eine fruchtbare Partnerschaft, die bis zu Adamsons frühem Tod im Jahre 1848 andauerte. Sie schufen einige der schönsten Porträts in der Geschichte der Photographie, und ihre Modelle fand man unter der «Gesellschaft» Edinburghs genauso wie unter den einfachen Fischern von Newhaven.

Infolge der Einführung des Naßkollodiumverfahrens wuchs in den 1850er Jahren die Zahl der Porträtphotographen gewaltig – genauso wie die Durchschnittsqualität des photographischen Porträts abnahm. Viele unter den neuen Photographen meisterten die erforderlichen Handgriffe, aber wenige hatten die schöpferische Begabung der Meister der Daguerreotypie, von denen sich einige dem neuen Verfahren mit dem gleichen Erfolg zuwandten. Mit der Erfindung der «Carte de visite»-Photographie durch Disderi wurde aus der Flut der Porträts ein reißender Strom. Camille Silvy, ein Diplomat, der Photograph geworden war, muß vielleicht als der bemerkenswerteste Vertreter der neuen Photographie in England gelten, obwohl einige der alten Praktiker wie Mayall ihre in der Daguerreotypie erprobten Talente in den Dienst einer gehobenen «Carte de visite»-Photographie stellten. Mayalls Photographien der englischen Königlichen Familie setzten eine Sammelwut von «Carte de visite»-Photos in Gang. Die Mehrzahl der «Carte»-Porträts waren jedoch Routinearbeiten ohne jeden Reiz – in auffallendem Gegensatz zu den Porträts von Julia Margaret Cameron. Erst in der Mitte ihres Lebens war sie zur Photographie gelangt, um ihr dann aber ganz und gar zu verfallen. Von 1864 an drängte sie ihre berühmten Freunde aus den Bereichen der Literatur, der Künste und Wissenschaften dazu, ihr Modell zu sitzen. Sie benutzte große Naßkollodiumplatten, die von ihr oft nur unvollkommen beschichtet und behandelt waren. Dennoch gelangen ihr eindringliche Chrakterstudien ihrer «Opfer». Nur Nadar, der Pariser Photograph, schuf Werke von vergleichbarer Kraft. Er und Mrs. Cameron werden heute als die Giganten der Porträtkunst der zweiten Hälfte des 19. Jahrhunderts betrachtet.

Die Einfachheit vieler früher Ateliereinrichtungen wich allmählich einer üppigen Ausstattung und Ausschmückung des Hintergrundes für das Porträt, wie die nun folgende Bildergalerie zeigt. Zuweilen kostümierten sich die Modelle für ihre Porträtsitzungen. Den reichen Mann lockte es vielleicht, sich wie ein bescheidener Handwerker anzuziehen, und die Dame aus der Provinz wollte sich als orientalische Schönheit sehen – aufwendige Darbietungen, weit entfernt von den Porträtphotos, die «Hinterhof-Photographen» in den 1850er Jahren für einen Sixpence anboten.

An diesem Miniaturporträt arbeitete der Maler viele Stunden lang.

Ein frühes Daguerreotypie-Porträt, aufgenommen von Dr. Draper im Sommer 1840, von seiner Schwester Dorothy.

Daguerreotypie von Antoine Claudet, um 1854.

Der Daguerreotypie-Photograph vermochte ein entsprechendes Abbild in wenigen Minuten zu schaffen.

Daguerreotypie von W. E. Kilburn, um 1850.

Vincent Potter, Daguerreotypie von Richard Beard, um 1848.

Daguerreotypie eines Knaben, Photograph unbekannt, um 1856.

Daguerreotypie einer jungen Frau, Photograph unbekannt, um 1850.

Jenny Lind, Daguerreotypie Mathew Brady, um 1850.

Daguerreotypie, Photograph unbekannt, um 1852.

Daguerreotypie von Mutter und Sohn, von J. Mayall, 1852.

Daguerreotypie-Porträt eines Herrn, von Jeremiah Gurney, New York, um 1850.

Daguerreotypie eines Richters, von T. R. Williams, um 1855.

Kalotypie-Selbstporträt von Antoine Claudet, um 1844.

J. Grahame, Direktor der Münze, Kalotypie von H. V. Regnault, um 1850.

Mrs. Constance Talbot mit Ela, Rosamund und Matilda, Talbots Töchtern – eine Kalotypie, 19. April 1842.

Sir William Allan, eine Kalotypie von D. O. Hill und Robert Adamson, um 1844.

«Eingeschlafen – die Misses Farney und Brownie», Kalotypie von D. O. Hill und Robert Adamson, um 1844.

«Drei Fischweiber», Kalotypie von D. O. Hill und Robert Adamson, um 1844.

Kollodium-Positiv einer Mutter mit Kind von W. E. Kilburn, um 1856.

Porträt zweier Damen, nach einem Stereo-Kollodium-Positiv; Photograph unbekannt, um 1858.

Eine Dame und ein Herr vor ihrer Haustür, Albumindruck von einem unbekannten Photographen, um 1860.

Flo, Connie und Laura Bainbridge, 1861; Albumindruck von einem unbekannten Photographen.

Kollodium-Positiv einer Gruppe im Freien, Photograph unbekannt, um 1860.

Zwei «Carte de visite»-Porträts von Camille Silvy, um 1865.

Die gewohnte formelle Pose ist auf diesen Aufnahmen zweier Ehepaare einer gelösteren Haltung gewichen.

Charles Dickens.

General «Stonewall» Jackson.

Mrs. «Skittles» Walters, Freundin Edwards, des Prinzen von Wales.

Edward, Prinz von Wales.

Die Schriftstellerin George Sand, ein Porträt von Nadar, 1864.

Rachel und Laura Gurney, von Mrs. Julia Margaret Cameron.

Sir Henry Taylor, von Mrs. Julia Margaret Cameron.

«Der Korbflechter», um 1865; Photograph unbekannt.

Kostüm-Porträt von James Arthur, 1898.

Bericht und Wirklichkeit

Die Grenzen, die den frühen photographischen Verfahren gezogen waren, beschränkten deren Gebrauch auf Gegenstände, die sich weder schnell bewegten noch veränderten. Die wenigen Daguerreotypie-Außenaufnahmen zeigen kaum Menschen oder Fahrzeuge auf der Straße, da nur Objekte, die sich in den vielen Sekunden der Belichtung völlig still verhielten, aufgezeichnet wurden. Bei der Porträtaufnahme hatte das Modell während der langen Belichtungszeit Stützen für Kopf und Gliedmaßen nötig. Hilfsmittel, die während der ganzen Viktorianischen Zeit notwendig blieben. Architektur- und Landschaftsbilder aus dem ersten Jahrzehnt der Photographie sind meist Kalotypien, da dieses Verfahren sich besonders für Objekte dieser Art eignete und für den reisenden Photographen bequemer war. Unter Talbots frühen Photos finden sich Abbildungen aus Frankreich und auch aus London, Schottland, Oxford und anderen Gegenden der Britischen Inseln. Freunde Talbots, die Pfarrer George Bridges und Calvert Jones, bedienten sich des Kalotypieverfahrens, um über ihre Mittelmeerreisen vom Herbst 1840 zu berichten. Die verbesserte Schärfe und Haltbarkeit des Wachspapierverfahrens wurde von Architekturphotographen wie Dr. Thomas Keith aus Edinburgh und Samuel Smith aus Wisbech, Cambridgeshire, ausgenutzt. Smith wurde Vorkämpfer einer systematischen Photoberichterstattung über Veränderungen die sich in seiner Heimatstadt vollzogen. James Mudd, Manchester, und H. V. Regnault waren weitere Landschaftsphotographen, die mit großem Erfolg mit dem Papiernegativ-Verfahren arbeiteten.

Trotz der komplizierten Handhabung machte es die Empfindlichkeit des Naßkollodiumverfahrens möglich, Ereignisse unmittelbar aufzunehmen. Roger Fenton, ein Landschaftsphotograph, eignete sich dieses neue Verfahren an, um während des Krim-Krieges 1855 dramatische Berichte anzufertigen. Obwohl seine Bilder notwendigerweise gestellt waren, waren sie authentisch genug, um einen Blick in das Zentrum des Kriegsgeschehens zu gestatten. James Robertson folgte Fenton auf die Krim und machte eine Reihe eindrucksvoller Bildberichte von den Nachwehen der Schlachten um Sebastopol. Mathew Brady und seine Assistenten, besonders Alexander Gardner, lieferten einen umfassenden Photobericht über den Amerikanischen Bürgerkrieg und die an ihm beteiligten Persönlichkeiten. Von dieser Zeit an wurden die Berichte des Kriegsberichterstatters mehr und mehr durch die Arbeit des Photographen ergänzt. So begleitete James Burke die englischen Truppen während der Afghanischen Kriege von 1878–79 und machte dabei hervorragende Aufnahmen der öden Landschaften, durch die sich beide Seiten hindurchkämpfen mußten.

Die Qualität und leichte Reproduzierbarkeit des Kollodiumverfahrens gab den Photographen die Möglichkeit, die wachsende Nachfrage nach Bildern aus der ganzen Welt zu befriedigen – Andenken für den Reisenden und einen kleinen Blick auf die Wunder der Ferne für diejenigen, die zu Hause bleiben mußten. Francis Frith, ein englischer Landschaftsphotograph, war einer der ersten, der sich auf die Herstellung solcher Aufnahmen spezialisierte. Er begann 1856 mit einer Rundreise, die ihn zu den klassischen archäologischen Stätten des Nahen Ostens führte; im Laufe der Zeit erstreckten sich seine photographischen Unternehmungen über einen großen Teil Europas. Er beschäftigte viele Photographen und Laboranten, um mit der Nachfrage nach Bildern und Abzügen Schritt halten zu können; um die Jahrhundertwende wandte sich sein Unternehmen der Bildpostkarte zu. Die Frith-Postkarten erfaßten nahezu jeden Meter der Britischen Inseln – bis noch vor ein paar Jahren. Unter den Berufs-Landschafts- und Architekturphotographen sind in England Francis Bedford, W. R. Sedgfield und William England und in Schottland James Valentine Dundee, zu nennen. George Washington Wilson aus Aberdeen produzierte zu Tausenden stereoskopische Aufnahmen zum Verkauf, die von frühen Bewegungsaufnahmen bis zu schottischen Landschaften von seltener Schönheit reichten. Die Moment-Photographie, die durch die Gelatine-Trockenplatte praktisch möglich wurde, machte es einfach, Ereignisse in dem Augenblick ihres Geschehens aufzunehmen, ohne Pose, ohne Vorbereitung. In den 1890er Jahren bediente sich Paul Martin, ein ehemaliger Graveur, einer getarnten Kamera, um ungestellte Aufnahmen von Leuten in Londons Straßen oder am Strand in den Seebädern zu machen.

Die Einfachheit und Handlichkeit der frühen Rollfilmkameras führte dazu, daß sie auf viele Forschungsreisen mitgenommen wurden. Die dramatischsten Beispiele für solche Expeditionsphotos sind wohl die Bilder, die von Salomon Andrée bei seinem so unglücklich endenden Versuch aufgenommen wurden, den Nordpol in einem Ballon zu erreichen. Dreiunddreißig Jahre nach dem Absturz des Ballons in der Arktis und dem Tod Andrées und seiner Gefährten wurden die Filme im Eis entdeckt. Sie wurden entwickelt und ergaben erschütternde Bilder von der tragischen Expedition.

Die Rollfilmkamera machte es auch dem einfachen Amateur möglich, dramatische Ereignisse aufzuzeichnen. Von den 1890er Jahren an ergänzen solche Bilder die des Pressephotographen; es ist eine für den Pressemann durchaus nicht seltene Erfahrung, von einem Amateur, der mit seiner Kamera zu der genau richtigen Zeit am genau richtigen Platz stand, «ausgestochen» zu werden.

Die Auswahl der Bilder auf den folgenden Seiten erläutert die Entwicklung in der Photographie der Umwelt, die sich während der zweiten Hälfte des 19. Jahrhunderts vollzog.

Oben: Die Seine, Paris; Daguerreotypie, 1845.
Unten links: Daguerreotypie einer Flußlandschaft; Indien, um 1848.
Unten rechts: Straße in Cork; Daguerreotypie, um 1850.

Oben: Das Kapitol in Washington, von Osten gesehen. Daguerreotypie, vermutlich von John Plumb jun., 1846.
Links: Das Sir Walter Scott-Denkmal, Edinburgh, im Bau. Kalotypie von W. H. F. Talbot, Oktober 1844.

«Orleans», Juni 1843; Kalotypie von W. H. F. Talbot.

Malta, um 1850; Kalotypie von Rev. Calvert Jones.

Taormina, um 1851; Kalotypie von Rev. George Bridges.

Das Edinburgher Schloß von Grassmarket aus gesehen, nach einem gewachsten Papiernegativ von Dr. Thomas Keith; um 1856.

FIRE & LIFE OFFICES

Oben: Der Ncno-Fluß, Wisbech, Cambridgeshire, 1862; nach einem gewachsten Papiernegativ von Samuel Smith.
Unten: Caernarvon Castle, nach einem gewachsten Papiernegativ von James Mudd; um 1855.

Seite 86
Oben: Cornhill, Wisbech, Cambridgeshire, 1854; nach einem gewachsten Papiernegativ von Samuel Smith.
Unten: Caernarvon Castle, nach einem gewachsten Papiernegativ von James Mudd; um 1855.

Oben: Munitionswagen der Rebellen, zerstört durch Granaten der Föderalisten, Fredericksburg, Virginia, 3. Mai 1863. Ein Photo aus dem Amerikanischen Bürgerkrieg von Mathew Brady.
Links: Eroberte Geschütze bei Ali Musjid im Afghanischen Krieg 1878–79, aufgenommen von James Burke.

Seite 88
Oben: «Das Tal des Todes», Kriegsphoto aus der Krim von Roger Fenton, 1855.
Mitte: Das Lager der 4. Dragonergarde, ein Krimkriegsphoto von Roger Fenton, 1855.
Unten: Malakoff, vom Grünen Hügel aus, ein Krimkriegsphoto von James Robertson, 1855.

Oben: Altes Haus, Exeter, um 1859; von W. R. Sedgfield.
Oben rechts: Sèvres, Kalotypie von H. V. Regnault, um 1850.
Rechts: Die großen Säulen, Baalbek; von Francis Frith, 1856.

Ansicht der Sphinx und der großen Pyramide zu Gizeh, nach einer Stereophotographie von Francis Frith; 1856.

Oben: Das Münster zu York, von G. W. Wilson; ca. 1860.
Rechts: James Nasmith und sein Dampfhammer, 1855; wahrscheinlich von J. Sidebotham.
Unten rechts: Das «Broad Sanctuary» im Bau, Westminster, 1854. Im Hintergrund links der unvollendete Westminster-Palast. Nach einem Stereo-Dia von einem unbekannten Photographen.

Oben: Die «Wylam Willey» von R. H. Bleasdale, um 1856.
Links: Die «Great Eastern» in den Gewässern bei Southampton, um 1860; von G. W. Wilson.

Oben: Die Forth-Brücke im Bau, 1888; veröffentlicht von G. W. Wilson.
Rechts: Die Regatta Oxford-Cambridge 1884, von F. C. L. Wratten.

Seite 95
Oben: Der Andrée-Ballon, als Wrack auf dem Polareis, 1897; von Salomon Andrée.
Unten: Eisenbahnunglück, Paris, um 1896, von einem unbekannten Amateurphotographen mit einer Kodak Pocket Kamera aufgenommen.

30

Oben: Feuer in der Oxford Street, London 1897, von George Davison.
Unten: Ein Hansom Cab hat einen Unfall, um 1895; Photograph unbekannt.

Oben: Hampstead Heath, 1898; von Paul Martin.
Links: Gewerkschaften marschieren, um 1896; von einem unbekannten Amateurphotographen.

Neue Bereiche der Photographie

Eine der meistbewunderten photographischen Neuheiten, die es auf der großen Ausstellung 1851 im Kristallpalast in London zu sehen gab, war das Stereophoto.

Wenn zwei Photographien einer und derselben Szene von Punkten aus aufgenommen werden, die etwa 65 Millimeter weit auseinanderliegen und dann so betrachtet werden, daß jedes Auge nur das Photo sieht, das ihm entspricht, so ist das Ergebnis ein scheinbar dreidimensionales Bild. Dieses Prinzip wurde zuerst von Sir Charles Wheatstone im Jahre 1832 beschrieben; später konstruierte er einen Sehapparat mit Spiegeln, mit dem man Bildpaare betrachten konnte; aber erst 1849, als David Brewster eine verbesserte Apparatur vorstellte, in der er Linsen verwendete, wurde das Stereoskop zu einer brauchbaren Einrichtung. Infolge des Interesses, das auf der Großen Ausstellung geweckt worden war, entwickelte sich eine geradezu besessene Vorliebe für Stereophotographien, die zunächst etwa 20 Jahre lang anhielt und später – besonders um die Jahrhundertwende – nochmals Mode wurde. Einige Stereoskopien wurden in großen Auflagen verkauft; Reiseszenen waren besonders beliebt. Stereoskope zum Anschauen der Bilder gab es vom einfachen Handmodell bis zum Tisch- oder Standapparat, in denen Hunderte von Stereophotos auf endlosen Bändern hinter den Sichtlinsen befördert wurden.

Die viktorianische Photographie spielte auch eine wichtige Rolle in der Gestaltung von Schmuck oder als Dekoration im häuslichen Bereich. Photographien wurden in Schmuckstücke eingearbeitet. Daguerreotypien, Kollodiumpositive und Albuminabzüge schmückten Broschen, Medaillons und Anhänger. Winzige Photos wurden in Ringfassungen, in Krawattennadeln oder in Manschettenknöpfen getragen. Oft war das Photo von einer Haarlocke begleitet und einer Inschrift zum Gedächtnis eines geliebten Verstorbenen. Eine Vielzahl von besonderen Druckverfahren machte es in den 1850er und 1860er Jahren möglich, Photographien auf Porzellan-, Glas- und Emailleflächen zu übertragen, die dann durch die Glasur fixiert wurden. Trinkgläser, Teller, Vasen, Kacheln und Emailleplatten gehörten zu den häuslich-dekorativen Gegenständen, die auf diese Art geschmückt wurden. Diese Bilder sind absolut beständig und unzerstörbar – es sei denn, sie zerbrechen.

Daß Naßkollodiumverfahren eignete sich besonders dazu, auch feinste Einzelheiten wiederzugeben, und diese Eigenschaft ermöglichte die Herstellung von Mikrophotographien – Bildern, die zu mikroskopischer Größe reduziert waren. Der Urheber dieser Technik war John Benjamin Dancer in Manchester. Seit 1853 arbeitete er an einer Serie mikroskopischer Dias mit nicht einmal stecknadelkopfgroßen Bildern. Bei starker Vergrößerung enthüllten sich Porträts mit vollem Detail, Kunstreproduktionen oder Texte. Um 1860 herum wurde es Mode, sich solche Mikroaufnahmen in Schmuckstücke einarbeiten zu lassen, nebst einer eingebauten Stanhope-Linse, die man ans Auge hielt, wenn die Einzelheiten des Bildes betrachtet werden sollten. Die Technik der Mikrophotographie gelangte im Deutsch-Französischen Krieg 1870/71 während der Belagerung von Paris zu einer bedeutsamen Anwendung. Depeschen, Nachrichten und andere Informationen wurden photographisch auf kleinen Kollodium-«Häutchen» aufgenommen, zusammengerollt, in einen Behälter für Schreibfedern gesteckt und einer Brieftaube mitgegeben. Die Vögel flogen über die feindlichen Linien, und nach Empfang wurden die Nachrichten mittels einer Laterna magica auf eine Leinwand geworfen abgeschrieben und weiterbefördert.

Nach ihrer Einführung wurde die Photographie bald dazu verwendet, Bücher zu illustrieren. Die ersten nach Photographien hergestellten Buchillustrationen erhielt man, indem man Daguerreotypien als Vorlagen für die mit der Hand gravierten Druckplatten verwandte. Der Pariser Optiker N. P. Lerebours veröffentlichte zwischen 1840 und 1844 eine sehr schöne Serie Aquatinta-Gravuren unter dem Titel «Excursions Daguerriennes». Die Bilder wirken sehr echt, obgleich sie mit der Hand gestochen sind, da der Graveur seinem Vorbild, den Original-Daguerreotypien, sehr genau gefolgt ist; nur die Personen hat er hinzugefügt. Auf ähnliche Weise wurden später Albuminabzüge als Vorbilder für den Graveur benutzt. Eine Alternative war die Verwendung von Kalotypie- und später von Albuminabzügen, die unmittelbar in das Buch hineingeklebt wurden. Die erste Veröffentlichung dieser Art war Talbots «Pencil of Nature», dessen Herausgabe in Fortsetzungslieferungen von 1844 bis 1846 dauerte. Dennoch wurden Kalotypieabzüge in der Folgezeit wenig verwendet, da sie häufig wegen fehlerhafter Technik und der Wirkung des Klebemittels nicht hielten. Die verbesserte Haltbarkeit des Albuminverfahrens führte dazu, daß der Gebrauch photographischer Abzüge als Illustrationen sich in den 1850er, '60er und '70er Jahren weiter ausdehnte.

Wegen der Länge der Zeit, die es in Anspruch nahm, Kopien in Mengen herzustellen und sie dann in jedes Exemplar eines Buches hineinzukleben, wurden viele Versuche unternommen, ein System zu finden, mit dessen Hilfe sich photographische Illustrationen mechanisch drucken ließen. Hippolyte Fizeau konnte einen geringfügigen Erfolg verbuchen, indem er Daguerreotypie-Platten direkt nachätzte, so daß Kopien mit Druckfarben angefertigt werden konnten; aber es waren nur kleine Auflagen möglich. Talbot gelang es in den frühen 1850er Jahren als erstem, eine Druckplatte unmittelbar auf photographischem Wege zu schaffen. Im Jahre 1855 veröffentlichte er seine Methode des «Photoglyptic Engraving», die beim Druck eine angemessene Wiedergabe der zarten Tönungen einer Photographie ermöglichte. Es folgten weitere Methoden der Photogravüre, aber keine gelangte in den allgemeinen Gebrauch bis in die 70er Jahre, als der photomechanische Druck von Illustrationen in hoher Auflage die früheren Methoden ersetzte. Das mechanische Druckverfahren, das der Wiedergabe der Tonqualität eines echten Photos am nächsten kam, wurde von dem Engländer Walter Woodbury im Jahre 1866 erdacht. Dieses Verfahren benutzte als Druckform einen Block aus Blei, auf den unter hohem Druck ein gehärtetes, photographisch erzeugtes Gelatine-Reliefbild gepreßt wurde. Die so erzeugte Form variierte in ihrer Tiefe gemäß den Tonabstufungen des Originalphotos; sie wurde mit gelatinierter Druckfarbe gefüllt und auf angefeuchtetes Papier gepreßt, wobei sich die Farbe auf das Papier übertrug. Nach dem Trocknen wurde die «Woodburytypie» zurechtgeschnitten und in das Buch geklebt. Das Verfahren lieferte eine sehr exakte Wiedergabe der Originalphotographie, und es ist manchmal schwer zu glauben, daß die «Woodburytypie» kein richtiges Photo ist. Das Verfahren eignete sich jedoch nur für kleine Auflagen. Zwar beschleunigte das Druckverfahren die Herstellung der Illustrationen; sie mußten aber immer noch einzeln in die Bücher hineingeklebt werden.

In der nun folgenden Bildauswahl finden sich Beispiele für Mikrophotographie, stereoskopische Photographie, Schmuck mit eingearbeiteten Daguerreotypien und Buchillustrationen, die nach photographischen Originalen hergestellt sind.

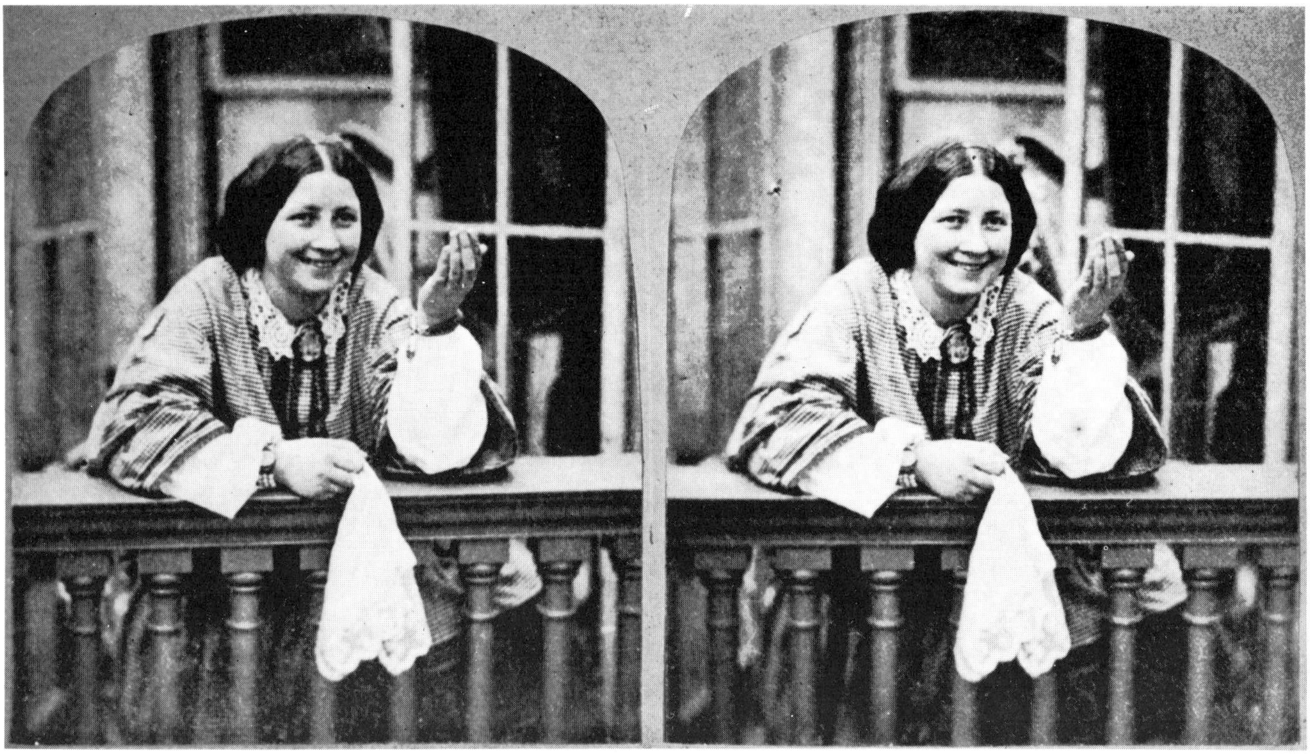

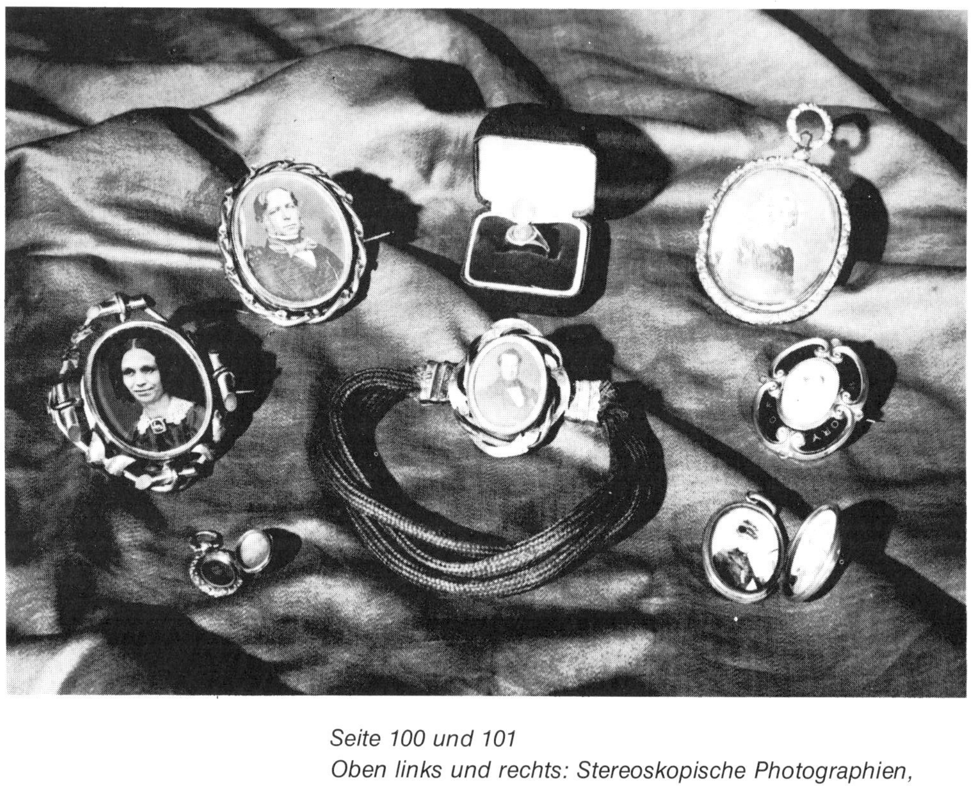

Seite 100 und 101
Oben links und rechts: Stereoskopische Photographien, um 1860. In einem Stereoskop betrachtet ergibt das Bildpaar die Illusion der Tiefe.
Unten: Einzelne Schmuckstücke, in die Daguerreotypien, Kollodiumpositive oder Albumindrucke eingearbeitet sind, 1850-70.
Seite 101 unten: Stereoskope: Handmodelle, auf Ständern und in Schränkchenform waren Standard-Zubehör in einem Viktorianischen Salon.

«Ariadne», eine Mikrophotographie (natürliche Größe) von J. B. Dancer, mit Vergrößerung.

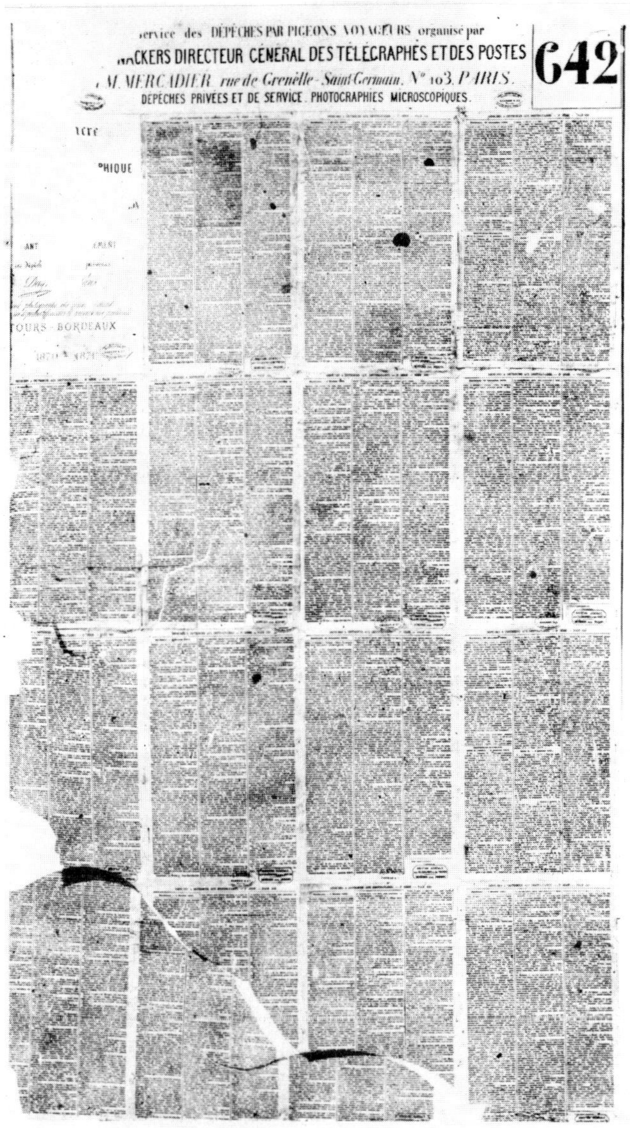

service des DÉPÊCHES PAR PIGEONS VOYAGEURS organisé par
...ACKERS DIRECTEUR GÉNÉRAL DES TÉLÉGRAPHES ET DES POSTES
M. MERCADIER rue de Grenelle-Saint-Germain, N° 103, PARIS.
DÉPÊCHES PRIVÉES ET DE SERVICE. PHOTOGRAPHIES MICROSCOPIQUES.
642

TOURS-BORDEAUX

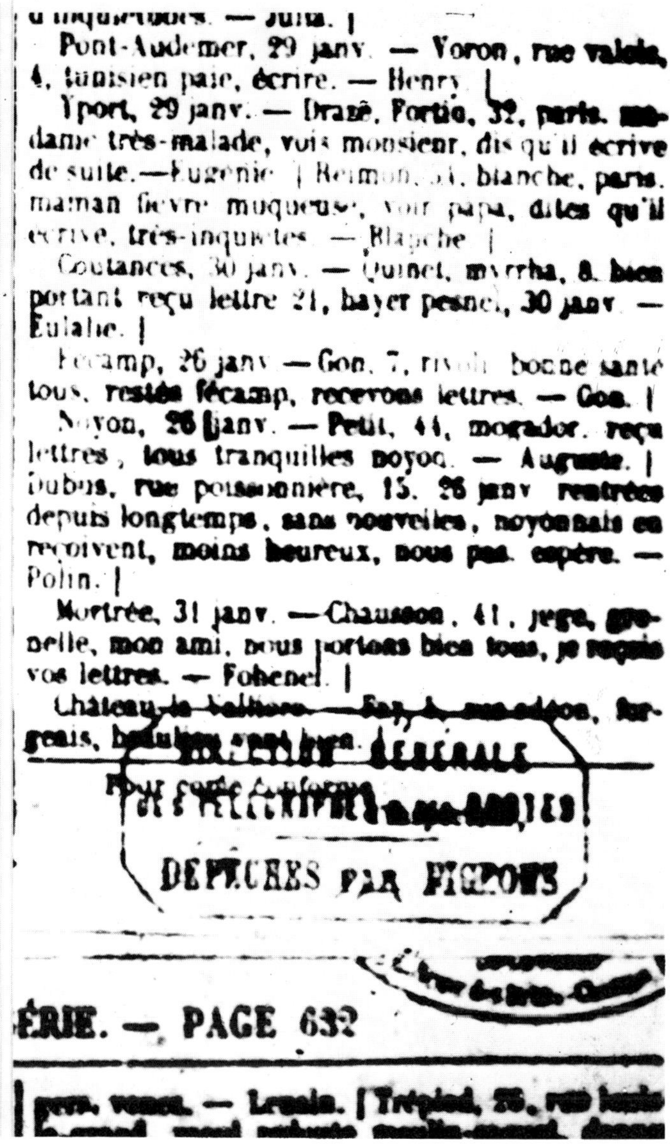

Pont-Audemer, 29 janv. — Voron, rue valois, 4, tunisien paie, écrire. — Henry |
Yport, 29 janv. — Drazé, Fortio, 32, paris. madame très-malade, vois monsieur, dis qu'il écrive de suite. — Eugénie | Reimon, 51, blanche, paris. maman fièvre muqueuse, voir papa, dites qu'il écrive, très-inquiètes. — Blanche |
Coutances, 30 janv. — Quinet, myrrha, 8. bien portant reçu lettre 21, bayer pesnel, 30 janv. — Eulalie. |
Fécamp, 26 janv. — Gon, 7, rivoli. bonne santé tous, restés fécamp, recevons lettres. — Gon. |
Noyon, 26 janv. — Petit, 44, mogador. reçu lettres, tous tranquilles noyon. — Auguste. | Dubois, rue poissonnière, 15. 26 janv. rentrées depuis longtemps, sans nouvelles, noyonnais en reçoivent, moins heureux, nous pas. espère. — Polin. |
Mortrée, 31 janv. — Chausson, 41, jeûg, grenelle, mon ami, nous portons bien tous, je reçois vos lettres. — Fohenel. |
Château ... fergeais, ...

DIRECTEUR GÉNÉRAL
Pour copie conforme
DES TÉLÉGRAPHES ...
DÉPÊCHES PAR PIGEONS

SÉRIE. — PAGE 632

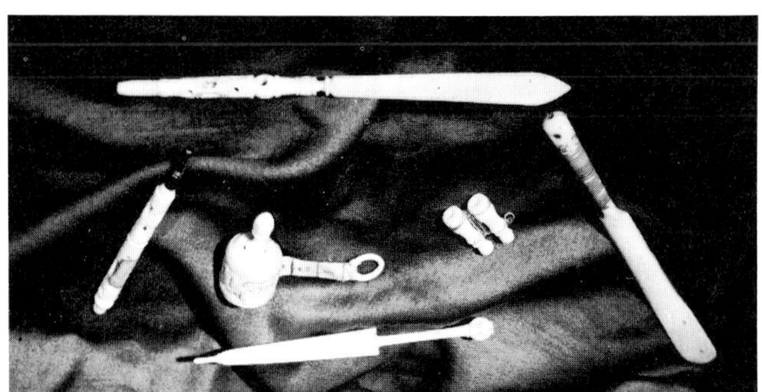

Oben: Ein Filmhäutchen; links von der Art, wie es 1871 in dem Pariser Brieftauben-Postverkehr verwendet wurde, mit einem vergrößerten Teilausschnitt rechts.
Unten links: Auf Porzellan, Glas, Keramik-Kachel und emailliertes Metall übertragene Photographien.
Unten rechts: Souvenirs, die Stanhope-Linsen mit Mikrophotographien enthalten.

Oben: Abzug nach einer geätzten Daguerreotypie-Platte, von Hippolyte Fizeau, 1842.

Unten: Die große Moschee in Algier, eine Gravüre aus «Excursions Daguerriennes», um 1841.
Rechts: Die Pfarrkirche von Wisbech, eine Kalotypie von Samuel Smith, nebst einem danach für den «Wisbech Advertiser» angefertigten Stich. Man beachte, daß der Graveur Figuren hinzugefügt hat.

Oben: Woodburytype-Illustration aus «Pictorial Effects in Photography», 1869, von H. F. Robinson.
Unten: Geätzter Stahlplatten-Druck von Talbot, 1852; eine Verbesserung dieses Verfahrens führte zu der ersten wirklich brauchbaren Photogravüre-Methode.

Kunst-Photographie

In der Frühzeit der Photographie wurde schon die Möglichkeit, Abbilder unmittelbar nach der Natur zu schaffen, als ungewöhnlich genug empfunden. Der Photograph war zufrieden, das aufzunehmen, was da war, wobei es ihm freistand, einen günstigen Winkel, eine günstige Entfernung und – vielleicht – eine günstige Tageszeit zu wählen. Zuweilen kam es vor, daß ein Photograph einige Elemente der Szene, wie in Talbots «Open Door», einer gefälligen Komposition zuliebe besonders herrichtete. Im wesentlichen aber wurden die frühen Photos von und nach der Natur gemacht. Hervorragende Beispiele für solche «Bilder nach der Natur» sind etwa die Aufnahmen des englischen Berufsphotographen G. W. Wilson und die späteren Arbeiten von Oberstleutnant John Gale, einem der führenden Kunstphotographen der 80er Jahre des letzten Jahrhunderts.

Die Viktorianischen Photographen begannen jedoch bald, sich nach der zur Zeit modernen oder auch nach der klassischen Malerei zu richten; viele Stilleben sind so entstanden. Aber auch Aktphotographien wurden gemacht, in Posen nach Malern wie Courbet oder Ingres. In den 1850er Jahren kam eine neue «Kunst»-Bewegung auf, die von verschiedenen Maler-Photographen angeführt wurde, an der Spitze der Wasser-Kolorist William Lake Price. Schon Kalotypisten hatten gelegentlich mehr als nur ein Negativ auf ein Blatt kopiert, um einen sonst ausdruckslosen Himmel mit Wolken zu beleben. Mit dem Glas-Kollodiumnegativ ließ sich diese Technik noch viel leichter durchführen, und der «Kombinationsabzug» wurde von Lake Price und anderen Photographen der «Hohen Kunst» benutzt, um höchst grandiose Werke zusammenzustellen. Der berühmteste Vertreter dieser Technik war der schwedische Porträtmaler Oscar G. Rejlander. Er lebte in England, wandte sich 1853 der Photographie zu und schuf 1857 ein riesiges allegorisches Bild, genannt «The Two Ways of Life». Dreißig Negative von Personen wurden auf zwei Bogen photographisch präparierten Papiers abgezogen, zusammen mit mehreren Hintergrundmotiven. Zusammengesetzt maß das Bild 77x40 cm. Dieser Kombinationsabzug machte einen sehr starken Eindruck auf Rejlanders Zeitgenossen, besonders nachdem er von Königin Viktoria angekauft worden war.

Henry Peach Robinson, ein englischer Amateurmaler, wurde 1857 Berufsphotograph. Unter dem starken Einfluß von Rejlanders Arbeit stellte er viele Kombinationsabzüge her; ein typisches Beispiel ist «When Day's Work is Done», das er 1877 aus sechs Negativen zusammensetzte. Obgleich die Verbesserungen im Photomaterial, die das Gelatine-Trockenplattenverfahren mit sich brachte, die Notwendigkeit, Kombinationsabzüge herzustellen, weitgehend überflüssig machte, verwendete Robinson die Methode bei einigen seiner späteren Bilder auch weiterhin. Die meisten seiner späteren Arbeiten jedoch zeigen sorgfältig arrangierte Personen in ländlicher Umgebung. Jedes Bild war bis ins kleinste geplant, Robinsons Freunde mußten sich ihrer Rolle gemäß anziehen und die Pose üben, bis alles richtig «saß». Obgleich seine Technik, Bilder zu «inszenieren», oft gefällige Ergebnisse hatte, wirken viele auf den Betrachter von heute doch recht theatralisch.

Auch Julia Margaret Cameron war von der klassischen Kunst stark beeinflußt und viele ihrer Werke sind bildliche Allegorien im Stil von Renaissancegemälden. Die Komposition einer Anzahl ihrer Porträts ähnelt Werken alter Meister; sie haben häufig religiöse Themen oder Titel.

Diesen Versuchen, aus der Photographie eine «Hohe Kunst» zu machen, war selten Erfolg beschieden. Es hieß der Photographie Fesseln anzulegen, wenn man sie dazu zwang, die Malerei nachzuahmen anstatt sie sich ihrer eigenen Art gemäß entwickeln zu lassen. Nach diesen Extravaganzen in den 1860er und 1870er Jahren lag die schöpferische Photographie einige Jahre lang darnieder, vermutlich, weil das Interesse den Wandlungen in der Technologie galt, die durch die Gelatine-Trockenplatte hervorgerufen wurden. Das neue Verfahren bedeutete eine große Vereinfachung bei der Aufnahme eines Photos, und vielleicht ist dies der Grund, warum sich ein neuer Stil der «naturalistischen» Photographie entwickelte, gefördert durch Dr. Peter Emerson, einen Amerikaner, der in England lebte. In seinem Buch «Naturalistic Photography», in England 1889 veröffentlicht, stellte er die Behauptung auf, daß durch die sorgfältige Wahl von Standort, Motiv und Beleuchtung und vor allem durch die Wahl der Schärfentiefe der Photograph Arbeiten von hoher schöpferischer Qualität hervorbringen könne, ohne zu den Manipulationen und Kunstgriffen, wie sie früher in Gebrauch gewesen waren, Zuflucht nehmen zu müssen. Emerson unterstützte seine Theorie durch wunderschöne Photos von Landschaften und Bauern in Norfolk, die er in einer Serie illustrierter Bücher und Bildermappen herausgab. Eine Anzahl Amateurphotographen übernahm Emersons Prinzipien mit Begeisterung. Zu ihnen gehörte George Davison. Er hatte das Werk der impressionistischen Maler gründlich studiert und experimentierte jetzt mit Methoden, Bilder mit weichzeichnenden Objektiven zu machen; manchmal benutzte er auch einfache Lochkameras, um ein weiches Bild zu erzeugen; er versuchte es auch mit neuen Kopierverfahren wie dem Gummidruck. Davisons wachsender Ruf führte dazu, daß er mit Emerson aneinandergeriet, der dann im Jahre 1890 seine früheren Ansichten über die naturalistische Photographie widerrief.

Im Jahre 1892 löste sich eine Anzahl von Vertretern der neuen Kunstphotographie von den alten Traditionalisten, für deren Arbeit das auf der Ausstellung der Royal Photographic Society (gegründet als «The Photographic Society of London» 1853) gezeigte typisch war. Angeführt von George Davison gründeten sie «The Linked Ring» als eine Gruppe, die der Förderung des Photographisch-Malerischen gewidmet war. Aktiv in der Gruppe bis zu ihrer Auflösung im Jahre 1909 waren unter anderen J. Craig Annan (der den Photogravüre-Druck in Großbritannien begonnen hatte), Eustace Calland, A. Horsley Hinton, Paul Martin und Frank M. Sutcliffe. Sutcliffe, ein Fachphotograph aus Whitby in Yorkshire, arbeitete zwar mit einer Standkamera, doch die Bilder, die er von den Einwohnern und von der Umgebung Whitbys schuf, zeichneten sich durch ihre frische und ungekünstelte Sicht aus. Mit großem Interesse wandte er sich den neuen Handkameras zu, und von 1898 bis etwa 1906 versorgte ihn George Davison, damals Generaldirektor der englischen Kodak Gesellschaft, mit den neuesten Modellen zum Testen.

In Amerika vollzog sich eine ähnliche Reaktion gegen das photographische Establishment. Hier wurde 1902 die Photo-Sezession gegründet. Angeführt von Alfred Stieglitz hatte sich die Gruppe gleich dem «Linked Ring» dem neuen künstlerisch-malerischen Aspekt der Photographie verschrieben und zählte zu ihren bedeutenden Mitgliedern Alvin Langdon Coburn, Edward Steichen, Gertrude Käsebier und Annie W. Brigmann. Die Einstellung der neuen Photographen faßte das Jahrbuch «Photograms for the Year» für das Jahr 1900 so zusammen: «Jener Reichtum an nichtssagenden Einzelheiten, der in der Frühzeit der Photographie bewundert wurde und der vom großen Publikum immer noch geliebt wird, jenem Publikum, das zum Lob einer Photographie nichts besseres zu sagen weiß, als daß sie so ‹klar› sei, ist nunmehr bei fortschrittlichen Arbeiten auf beiden Seiten des Atlantik aus der Mode gekommen». Ihre Techniken bedingten ein beträchtliches Stück Nacharbeit am Abzug und die Anwendung besonderer Kopierverfahren wie der Photogravüre und des Gummidrucks, der weichere Linien schaffte und Einzelheiten auslöschte – eine Wirkung, nach der die Kunstphotographen strebten. Ihre Arbeit erwarb allgemeine Anerkennung in der Kunstwelt, in Europa und auch in Amerika.

Stilleben-Daguerreotypie von Carpenter und Westley, um 1853; man beachte die Reflexe des Daches des Taglichtateliers auf der gläsernen Wölbung.

Statuengruppe als Stilleben, von Hippolyte Bayard; um 1840.

Seite 109:
Hof in Sèvres, Kalotypie von H. V. Regnault, um 1851.

Stilleben von T. R. Williams, um 1855.

Seite 110 oben:

Akt, Daguerreotypie von einem unbekannten Photographen, um 1854.

Unten: Die offene Tür, Kalotypie von W. H. F. Talbot, um 1844.

«Nebliger Morgen, Rydale», um 1860; nach einer Stereophotographie von Thomas Ogle.

«Der ‚Loch of Park' bei Sonnenuntergang», um 1858; nach einer Stereophotographie von G. W. Wilson.

«Schläfriger Teich», von Lt. Colonel J. Gale; 1888.

«Abscheu», ein Selbstporträt von Oscar C. Rejlander, aus Darwins «Ausdruck der Gemütsbewegungen»; 1872.

Oben: «Don Quijote in seinem Arbeitszimmer», 1855; nach einer Stereophotographie von W. Lake Price.
Unten: «Der Landstreicher», Kopie eines aus vier Teilen zusammengesetzten Negativs, von Oscar G. Rejlander; 1857.

«Pflügen», von George Davison; um 1888.

Oben: «Eine lustige Geschichte», von Henry Peach Robinson; um 1883.

◁ *Links: «Goldlack», Kopie eines aus zwei Teilen kombinierten Negativs, von H. P. Robinson; um 1880.*

Unten: «Nach getaner Arbeit», ein aus sechs Negativen zusammengesetztes Bild, von Henry Peach Robinson; 1877.

Oben: «Die Heilige Agnes» von Julia Margaret Cameron; um 1868.
Rechts: «Mrs. Grosvenor Thomas», Photogravüre-Druck von J. Craig Annan; 1867.
Seite 118:
Oben: «Harlech Castle», Photogravüre-Druck von George Davison, um 1907.
Unten: «Mühsam bergauf», Photogravüre von P. H. Emerson; um 1890.

Oben: Fischersleute aus Whitby, von Frank M. Sutcliffe; um 1900.
Unten links: Der «Broad Street-Bahnhof», von Eustace Calland; 1897.
Rechts: «An den Ufern des Wey-Flusses», Photogravüre-Druck von A. Horsley Hinton; um 1897.

Oben: Der Hafen von Whitby, von Frank M. Sutcliffe; um 1900.
Unten: «Warten auf die Rückkehr», Photogravüre-Druck von Alfred Stieglitz; 1894.

Oben: «Mutter und Kind», von Edward Steichen; um 1906.
Unten: «Nähen», Photogravüre-Druck von Gertrud Käsebier; um 1899.

Oben: «St. Paul's vom Ludgate Circus», Photogravüre-Druck von Alvin Langdon Coburn; um 1901.
Rechts: «Der Traum», von Annie W. Brigman; um 1906.

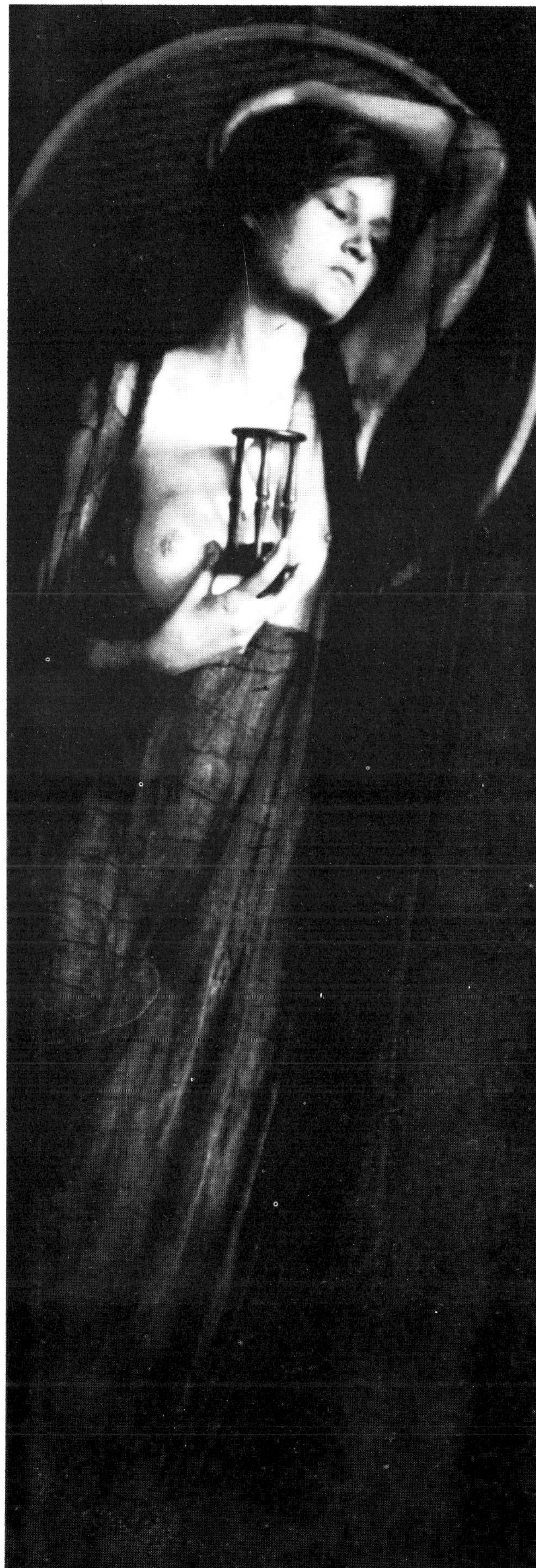

«Sie drücken auf den Knopf . . .»

Für den Photohistoriker ist die Ära der Photographie für jedermann, die mit der Einführung der ersten Kodak Kamera im Jahre 1888 begann, eine Ära des anonymen Photos. Die Photographen der Bilder auf den vorhergehenden Seiten sind meist bekannt und ihre Arbeiten sind in Ausstellungen und in Büchern oder Bildermappen, häufig in großer Auflage, veröffentlicht. Selbst der bescheidene «Carte de visite»-Photograph war im allgemeinen an der Geschäftskarte, auf die das Photo aufgezogen war, leicht zu erkennen. Der Schnappschuß andererseits ist gewöhnlich anonym, und er existiert selten in mehr als einem Exemplar. Häufig sind weder Modell noch Photograph zu identifizieren. Dennoch: Ohne Werke photographischer Kunst zu sein, sind diese einfachen Bilder von großer historischer Bedeutung, denn sie zeigen die Männer und Frauen im Alltag und nicht in ihrem Sonntagsstaat im Atelier des Porträtphotographen, sondern in ihrer Straßen- und Arbeitskleidung, sich am Strand erholend oder bei der Arbeit. Durch sie haben wir einen authentischen Bildbericht über das Leben im Alltag, wie er uns vorher niemals zugänglich war. Einige dieser Bilder sind darüber hinaus durch einen glücklichen Zufall oder wegen ihrer sorgfältigen Vorbereitung auch von künstlerischem Wert.

Die Photographie ist reicher durch sie.

Der Blériot-Eindecker, Hendon 1911.

Oben links: Eine amerikanische Familie zu Hause, um 1892.
Unten links: Straßenjungen, um 1890.

Oben rechts: Der Ponywagen, um 1892.
Unten rechts: Die Schwestern, um 1892.

Das Kartenspiel, um 1902.

Oben: Großer Ballonflug-Wettbewerb, 1908.
Unten: Siesta, um 1908.
Rechts: Drei Generationen, um 1906.

Der Omnibus, um 1900.

Am Strand, um 1910.

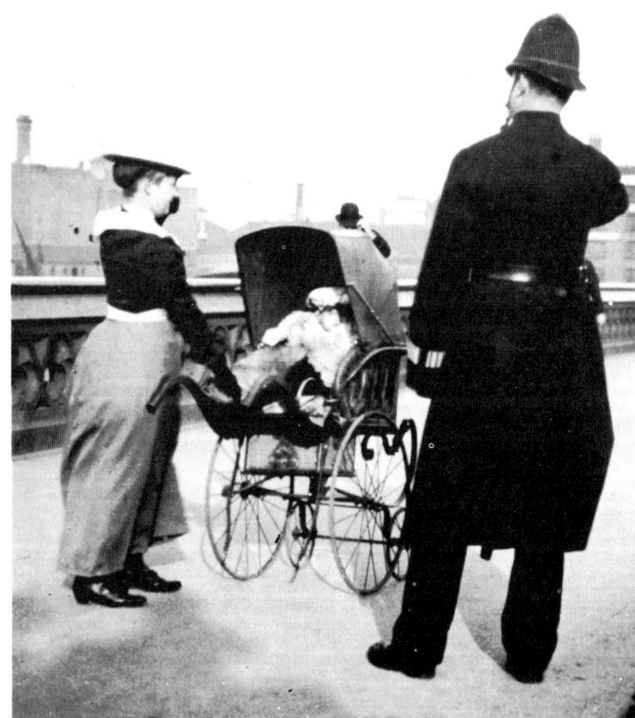

Oben links: Trafalgar Square, um 1905.
Unten links: «Im Rollstuhl», um 1900.

Oben rechts: Ein Glas Portwein, um 1900.
Unten rechts: Kinderfräulein und Polizist, um 1898.

Oben: Beim Apfelschälen, um 1908.
Unten: Beim Murmelspiel, um 1902.

Links: Die Welle, um 1908.
Links unten: Vor dem Tempel, um 1910.

Unten: «Wohin sollen wir fahren?» um 1906.

Erläuterungen

Abziehfilm: Auf einem Träger, normalerweise Papier, ist eine lichtempfindliche Schicht aufgebracht, die nach der Belichtung und Entwicklung von der Papierunterlage abgezogen und auf einen transparenten Träger übertragen werden kann. Nach der Einführung des transparenten Zelluloidfilms wurde Abziehfilm nur noch für besondere Zwecke verwendet.

Aktinometer: Ein Gerät zur Messung des vorhandenen Lichts. Dabei verwendete man lichtempfindliches Papier, das bei Belichtung dunkler wurde. Die Zeit, die das Papier brauchte, um so dunkel zu werden, daß es einem Bezugsfarbton entsprach, wurde gemessen und mit diesem Meßwert anhand eines Rechners die erforderliche Belichtungszeit bestimmt.

Albumin: Eine organische Verbindung pflanzlichen oder tierischen Ursprungs. In besonders reiner Form liegt es im Eiweiß vor. Albumin wurde in mehreren frühen photographischen Verfahren verwendet, insbesondere beim Albumin-Plattenverfahren von Niépce de Saint-Victor und beim Albumin-Papierverfahren von Blanquart-Evrard.

Albuminpapier: Wurde 1850 von Blanquart-Evrard eingeführt und stellte eine Verbesserung des Calotypie-Kopierpapiers dar. Durch Beschichten des Papiers mit Eiweiß vor der eigentlichen Sensibilisierung entstand eine weichere, leicht glänzende Oberfläche. Mit diesem Papier ließen sich feinere Details wiedergeben. Das Albuminpapier wurde bis in die 90er Jahre des letzten Jahrhunderts nahezu überall verwendet.

Amalgam: Eine Mischung aus mindestens zwei Metallen. In der Photographie bildete mit Silber amalgamiertes Quecksilber die Grundlage für das Daguerreotypiebild.

Ambrotypie: Eine Handelsbezeichnung, die vor allem in den Vereinigten Staaten für das Kollodium-Positivverfahren verwendet wurde.

Ammoniumchlorid: Eine Verbindung aus Ammoniak und Chlor; wurde zur Behandlung von Albuminpapier verwendet.

Aquatinta: Ein Verfahren, bei dem eine Metallplatte mit Harzteilchen bestreut wurde, ehe die Zeichnung angefertigt und die Platte geätzt wurde. Im Vergleich zu herkömmlichen Gravierungen war bei diesem Verfahren die Wiedergabe feiner und die Färbung kontrastreicher.

Äther: Eine stark flüchtige und brennbare Flüssigkeit, die bei der Destillation von mit Schwefelsäure behandeltem Alkohol entsteht. Dient als Lösungsmittel für Schießbaumwolle bei der Herstellung von Kollodium.

Ätze: Ein Druckverfahren, bei dem die Oberflächen von Druckplatten mit einer ätzenden Lösung behandelt werden, welche die Stellen angreift, die nicht durch ein die Zeichnung schützendes Material abgedeckt sind.

Blende: In der Photographie bestimmt die Blende die Lichtstärke des Objektivs. Maßeinheit ist die Blendenzahl, die sich errechnen läßt, indem man die Brennweite des Objektivs durch den Durchmesser der Blendenöffnung dividiert.

Brennweite: Der Abstand, den eine Linse zu einer Fläche haben muß, damit ein Motiv in unendlicher Entfernung auf dieser Fläche (Brennebene) scharf abgebildet wird.

Brom: Chemisches Element aus der Gruppe der Halogene, zu der auch Chlor, Jod und Fluor gehören. Brom wurde beim verbesserten Daguerreotypie-Verfahren direkt verwendet, bei späteren Verfahren allerdings nur in Verbindung mit anderen chemischen Elementen zur Herstellung von lichtempfindlichem Bromsilber.

Cadmiumbromid: Eine Verbindung aus Cadmium und Brom, die erstmals im Jahre 1871 von Dr. Maddox zur Herstellung der ersten, erfolgreichen Emulsion aus Gelatine, Silber und Brom verwendet wurde.

Camera obscura: Wörtlich «dunkle Kammer». Diese Bezeichnung gab man zuerst einem abgedunkelten Raum, in den durch ein Loch in der Wand oder durch eine Linse fiel, wodurch ein Abbild der Szene außerhalb des Raumes entstand. Hieraus entwickelte sich die tragbare Camera obscura, bei der in einem Kasten eine Linse, ein Spiegel und eine Mattscheibe angeordnet waren. Das auf der Mattscheibe erscheinende Bild konnte nachgezeichnet oder kopiert werden. Aus dieser Camera, die ursprünglich ein Hilfsmittel für Künstler war, entstand später die photographische Kamera!

Camera lucida: Wurde 1806 von W. H. Wollaston eingeführt. Diese Kamera enthielt ein kleines Prisma, das über dem Zeichenpapier befestigt war. Blickte man durch das Prisma, so erschien auf dem Papier ein Bild des Aufnahmemotivs. Dieses Bild konnte man nun mit einem Stift nachzeichnen und erhielt so eine Skizze des Motivs. Auf Grund seines Mißerfolgs mit diesem Gerät begann Talbot mit seinen p großer Beliebtheit.

Cartes de visite: Eine beliebte Form gerahmter Bilder, die in den fünfziger Jahren des 19. Jahrhunderts eingeführt wurde. Die 10 x 6,4 cm großen Karten erfreuten sich bis zum Anfang dieses Jahrhunderts großer Beliebtheit.

Chronophotographie: Verwendung mehrerer Kameras, die nacheinander belichten, oder einer Kamera, mit der Bildserien in kurzen und genau festgelegten Zeitabständen aufgenommen werden. Aus dieser Technik entwickelte sich in den neunziger Jahren des letzten Jahrhunderts die Kinematographie.

Daguerreotypie: Name des Verfahrens, das 1839 von L. J. M. Daguerre erfunden wurde. Das Bild entstand auf der versilberten Oberfläche einer Kupferplatte, die zuvor mit Joddampf sensibilisiert worden war. Mit Quecksilberdampf entwickelte man das Bild. Mitte der fünfziger Jahre des 19. Jahrhunderts wurden Daguerreotypien in Europa kaum noch hergestellt, erfreuten sich jedoch in den USA noch relativ lange großer Beliebtheit.

Diorama: Eine von Daguerre erfundene eindrucksvolle Form der Bühnenunterhaltung. Riesige durchscheinende Gemälde wurden durch Veränderung der Beleuchtung, durch Bewegen etc. zu lebenden Bildern mit dramatischer Wirkung. Eine beliebte Form der Unterhaltung während der ersten Hälfte des 19. Jahrhunderts.

Dope: Das englische Wort «dope» (dt: Sauce, Schmiere) bezeichnete im Fachjargon die Zelluloselösung, die bei der Herstellung lichtdurchlässiger Schichten Anwendung fand.

Emulsion: In der Photographie eine Suspension lichtempfindlicher Silberhalogenidkristalle in einem geeigneten Medium, normalerweise Gelatine.

Entwicklung: In der Photographie ein Verfahren, bei dem durch Behandlung mit chemischen Substanzen ein unsichtbares oder latentes Bild sichtbar gemacht wird. Beim Daguerreotypie-Verfahren wurde zur Intensivierung des schwachen Bildes Quecksilberdampf verwendet, der mit dem Silber des Bildes amalgamierte. Bei späteren Verfahren arbeitete man mit den verschiedensten Lösungen, darunter Gallussäure, Pyrogallol und Eisensalze.

Ferrotypie: Bezeichnung für ein Kollodium-Positivverfahren, bei dem anstelle von Glas eine mit einer Oberflächenschwärzung versehene dünne Zinnplatte verwendet wird. Um 1860 war dieses Verfahren besonders bei Reisephotographen beliebt und existiert auch heute noch. Bekannt ist die Ferrotypie auch unter der Bezeichnung TINTYPE, insbesondere in den USA.

Fixiersalz: siehe Natriumthiosulfat.

Fixierung: In der Photographie versteht man darunter ein Verfahren, bei dem zur Haltbarmachung des Bildes die nicht gebrauchten Silberhalogenide aus dem belichteten und entwickelten photographischen Material herausgelöst werden. Anfangs wurden die Bilder mit einer starken Kochsalzlösung fixiert, welche die lichtempfindlichen Salze in eine Verbindung von sehr viel geringerer Lichtempfindlichkeit umwandelte. Sir John Herschel schlug 1839 vor, Natriumthiosulfat (in der älteren chemischen Nomenklatur Natriumhyposulfit) zu verwenden. Seit jener Zeit bilden Thiosulfate die Standardfixiermittel.

Photodruck: Druckverfahren, bei dem photographische Bilder direkt zur Herstellung gefärbter Druckplatten verwendet werden.

Photomikrographie: Photographie durch das Mikroskop, wobei vergrößerte Aufnahmen kleinster Gegenstände entstehen. Wird oft mit der → MIKROPHOTOGRAPHIE verwechselt.

Gallussäure: Eine organische Verbindung, die durch Vergären von pulverisierten Galläpfeln entsteht. Sie wurde von Talbot und anderen Photographen als Entwicklerlösung für Papiernegative verwendet.

Geheimkamera: Bezeichnung für die ersten Handkameras, die oft als Päckchen oder Bücher getarnt waren oder unter der Kleidung versteckt getragen wurden. Geheimkameras waren zwischen 1885 und 1900 sehr beliebt.

Gelatine: Ein organischer Stoff aus Knochen, Häuten, Hufen und anderem tierischem Material. Gelatine absorbiert Wasser und schmilzt bei Erwärmung. Beim Abkühlen entsteht eine gallertartige Masse. Mit Erfolg wurde Gelatine erstmals im Jahre 1871 von Dr. Maddox als Trägersubstanz für Silbersalze verwendet. Sie bildet heute noch den Grundstoff für photographisches Filmmaterial.

Goldchlorid: Eine Verbindung aus Gold und Chlor, die durch Lösen von Gold in Königswasser (einer Mischung aus Salpetersäure und Salzsäure) entsteht. Goldchlorid diente zum Tönen und zur Haltbarmachung von Daguerreotypien und war in Tönungslösungen für photographische Papiere enthalten.

Gravur: Ein Druckverfahren, bei dem das Muster in Metall, Holz oder Stein eingraviert wird. Nach dem Einfärben der Fläche läßt sich das Muster auf Papier übertragen. Die Bezeichnung Gravur gilt auch für das so erzielte Bild.

Gummibichromat: Eine Schicht aus Gummiarabikum, das ein Pigment enthält und mit Kaliumbichromat sensibilisiert ist. Dadurch ist die Schicht bei Lichteinfall unlöslich. Die unlöslichen Teile lassen sich durch Waschen des belichteten Bildes mit Wasser entfernen. Durch Bürsten oder Tupfen kann der Photograph das Aussehen des endgültigen Bildes noch erheblich beeinflussen. Gummibichromat wurde Ende des letzten Jahrhunderts von Kunstphotographen häufig verwendet.

Heliogravüre: Ein photomechanisches Druckverfahren, das 1879 von dem Wiener Karl Klic erfunden wurde. Durch ein photographisch hergestelltes Gelatine-Reliefbild hindurch wird eine mit Harzstaub beschichtete Kupferplatte geätzt. Die Platte wird dann eingefärbt, so daß Drucke hergestellt werden können. Dieses Verfahren wurde Ende des 19. Jahrhunderts von Kunstphotographen sehr häufig angewandt.

Hohlspiegel: Ein Spiegel mit nach innen gekrümmter Oberfläche. Das Bild entsteht auf einer Fläche, die sich auf derselben Seite des Spiegels befindet wie der Aufnahmegegenstand.

Jod: Gehört mit Chlor, Brom und Fluor zur Gruppe der Halogene. Wurde beim Daguerreotypie-Verfahren von Photographen zur Bildung von Silberjodid auf der versilberten Platte verwendet.

Judenpech: Ein Asphalt, der beispielsweise in Syrien und Trinidad gefunden wird. Ein durch Auflösen von Asphalt in einem Lösungsmittel gewonnener Lack, erhärtet bei Belichtung, nachdem er zuvor auf eine Platte aufgebracht und getrocknet wurde. Mit Hilfe von Judenpech erhielt Niépce die ersten haltbaren Photographien. Später fand es in mehreren photomechanischen Druckverfahren für die Herstellung von Druckplatten oder -steinen Anwendung.

Kabinettbilder: Eine beliebte Form von gerahmten Portraitaufnahmen in einem Format von 10 x 14 cm, die 1866 aufkam.

Kaliumjodid: Eine Verbindung aus Kalium und Jod, die zur Sensibilisierung bei der Herstellung von Silberjodid bei verschiedenen photographischen Verfahren verwendet wird.

Kalotypie: Diesen Namen gab Talbot seinem verbesserten Verfahren aus dem Jahre 1840, bei dem durch einen Entwicklungsvorgang ein latentes Bild auf dem sensibilisierten Papier sichtbar gemacht wurde. Das Wort ist griechischen Ursprungs und bedeutet schönes Bild.

Kochsalz: Gewöhnliches Kochsalz besteht aus Natriumchlorid, einer Verbindung aus Natrium und Chlor. Es wurde bei einigen oder frühen photographischen Verfahren zum Sensibilisieren verwendet. Da es mit Silbernitrat reagierte, entstand lichtempfindliches Silberchlorid. Konzentrierte Kochsalzlösungen wurden von Daguerre und Talbot bei ihren ersten Experimenten als Fixiermittel verwendet.

Kollodium: Eine Lösung aus Schießbaumwolle in Äther oder Alkohol und Äther. Die Schießbaumwolle wurde durch Auflösen von Baumwolle in einer Mischung aus Salpetersäure und Schwefelsäure gewonnen. Das Kollodium entdeckte 1847 ein Amerikaner namens Maynard. Es fand zuerst in der Medizin Anwendung, diente jedoch später Scott Archer als Grundlage für das außerordentlich erfolgreiche Naßkollodium-Verfahren, dessen Beschreibung 1851 veröffentlicht wurde.

Kollodiumpositiv: Wird ein helles Naßkollodiumnegativ gegen einen dunklen Hintergrund betrachtet, so erscheint das Bild positiv. In den fünfziger und sechziger Jahren des letzten Jahrhunderts erfreuten sich Kollodiumpositive großer Beliebtheit. In den USA waren sie allgemein unter der Handelsbezeichnung «Ambrotypien» bekannt.

Kopierrahmen: Ein Holzrahmen mit Glasplatte, in dem ein Negativ auf Glas oder Papier bei der Belichtung mit Tageslicht fest gegen Kopierpapier gedrückt wurde.

Latentes Bild: Eine Belichtung, die zu schwach ist, um auf dem photographischen Material ein sichtbares Bild zu erzeugen, ergibt ein latentes Bild, das durch Entwicklung sichtbar gemacht werden kann.

Lavendelöl: Ein aus Lavendel extrahiertes Öl, das von Niépce als Lösungsmittel bei der Asphaltbeschichtung seiner Heliogravuren verwendet wurde.

Lithographie: Ein mechanisches Druckverfahren, bei dem die Zeichnung auf einen Steinblock aufgebracht wird, der dann zum Drucken dient. Wurde Ende des 18. Jahrhunderts eingeführt.

Mikrophotographie: Verfahren bei dem mikroskopisch kleine Bilder gemacht werden. Wird oft mit der PHOTO-MIKROGRAPHIE verwechselt.

Miniaturen: Kleine Portraits, die sich im 18. Jahrhundert und zu Anfang des 19. Jahrhunderts großer Beliebtheit erfreuten.

Momentaufnahme: Eine Aufnahme, bei der die Belichtungszeit so kurz ist, daß ein sich bewegendes Motiv scharf abgebildet wird. Momentaufnahmen waren praktisch erst nach der Einführung der Gelatinetrockenplatte möglich.

Montagebild: Ein Verfahren, bei dem auf einem einzelnen Stück Photopapier Abzüge von mehreren Negativen hergestellt wurden. Dieses Verfahren wurde in den fünfziger und sechziger Jahren des letzten Jahrhunderts häufig angewandt, u. a. auch von den bekannten Photographen O. G. Rejlander und H. P. Robinson.

Natriumthiosulfat: War ursprünglich unter der Bezeichnung Natriumhyposulfit bekannt. Seine Eigenschaft, Silbersalze aufzulösen, wurde erstmals im Jahre 1819 von Sir John Herschel entdeckt. Er schlug vor, Natriumthiosulfat als Fixiermittel zu dunklen hell. Der Name stammt von Sir John Herschel.

Negativ: Das nach der Belichtung und Entwicklung entstandene Bild. Die Tonwerte des Motivs sind umgekehrt, d. h. die hellen Bereiche sind auf dem Negativ dunkel, die dunklen hell. Der Name stammt von Sir John Herschel.

Parkesine: So nannte Alexander Parkes seine Erfindung, das Zelluloid.

Passepartout: Eine dekorative, meist aus Messing bestehende Maske, die mit der Daguerreotypie und dem Kollodiumpositiv fest verbunden war.

Pellicle (dt: Häutchen, Film): Diese Bezeichnung fand Richard Kennett 1874 für seine getrocknete Gelatine-Emulsion.

Petroläther: Eine flüchtige, aus Petroleum destillierte Lösung, die Niépce als Lösungsmittel bei der Asphaltbeschichtung seiner Metallplatten diente.

Photogenic drawing (dt. Lichtzeichnung): 1834 gelang es Talbot, erstmals ein Verfahren zu entwickeln, bei dem Schreibpapier durch Imprägnieren mit Silberchlorid lichtempfindlich gemacht wurde.

Physionotrace: Ein Verfahren zur Herstellung von Mehrfachdrucken von Bildnissilhouetten. Bei dem 1786 von Chrétien entwickelten Gerät war eine Nadel, die die Umrisse eines auf eine Glasplatte geworfenen Profils nachzeichnete, gelenkig mit einem Gravierwerkzeug verbunden, das sich synchron über eine Kupferplatte bewegte. Die gravierte Platte wurde eingefärbt, und so konnten Drucke in großer Stückzahl hergestellt werden.

Positiv: Ein Abzug von einem photographischen Negativ. Die Tonwerte stimmen mit dem Original überein, d. h. helle Bereiche sind hell, dunkle Bereiche dunkel. Der Begriff stammt von Sir John Herschel.

Prisma: Ein im Querschnitt dreieckiger Glasblock, der, wenn Licht durch ihn fällt, wie ein Spiegel eine seitliche Umkehrung des Bildes bewirkt.

Pyrogallische Säure: Die korrekte Bezeichnung ist Pyrogallol, das durch Sublimation aus Gallussäure entsteht. Im 19. Jahrhundert wurde Pyrogallol als Entwicklerlösung sehr häufig verwendet.

Quecksilber: Ein Metall, das sich bei Zimmertemperatur verflüssigt. Quecksilberdampf wurde zum Entwickeln von Daguerreotypien verwendet. Das Quecksilber amalgamierte mit den winzigen Körnchen aus metallischem Silber, die auf Grund der Belichtung in der Silberjodidschicht entstanden waren, und so entstand ein sichtbares Bild.

Quecksilberbichlorid: Eine Verbindung aus Quecksilber und Chlor, die beim Kollodiumpositiv-Verfahren verwendet wurde, um das schwache Negativbild aufzuhellen und deutlicher zu machen.

Rollenhalter: Eine Vorrichtung, die an die Stelle des bei Plattenkameras verwendeten Plattenhalters trat. Im Rollenhalter befand sich eine Rolle sensibilisierten Materials für mehrere Aufnahmen.

Rollfilmpatrone: Frühe Bezeichnung des mit Papier hinterlegten und auf einer Spule aufgewickelten Rollfilms. Den Namen verdankt diese Filmform ihrer Ähnlichkeit mit einer Gewehrpatrone, die ebenfalls schnell und einfach eingelegt werden kann.

Salpetersäure: Eine schwere, ätzende Flüssigkeit, die bei der Herstellung von Silbernitrat zum Lösen von Silber verwendet wird.

Sammellinse: Eine Linse, bei der eine oder beide Flächen nach außen gekrümmt sind. Das Bild entsteht auf einer Fläche auf der dem Aufnahmegegenstand gegenüberliegenden Seite der Linse.

Sensibilisierung: Verfahren, bei dem lichtempfindliche Silbersalze auf oder in einer entsprechenden Oberfläche gebildet werden.

Sensitometrie: Die Messung der Empfindlichkeit photographischer Materialien. Hurter und Driffield schufen während der beiden letzten Jahrzehnte des 19. Jahrhunderts die Grundlage für dieses Meßverfahren.

Silber: Ein Edelmetall, dessen Verbindungen größtenteils lichtempfindlich sind. Die Silberhalogenide – Silberchlorid, Silberbromid und Silberjodid – sind die in photographischen Materialien am häufigsten verwendeten Verbindungen.

Silbernitrat: Entsteht durch Auflösen von Silber in Salpetersäure und wird beim Sensibilisierungsverfahren angewandt. Durch Reaktion von Silbernitrat mit Salzen, die Chlor, Brom oder Jod enthalten, entstehen lichtempfindliche Silberhalogenide.

Sucher: Eine optische Vorrichtung, oft in der Art einer kleinen Camera obscura. Der Sucher war an Handkameras angebracht und ermöglichte dem Photographen ein genaues Anvisieren des Motivs.

Schlitzverschluß: Ein unmittelbar vor der Platte oder dem Film angeordneter Verschluß, der bei älteren Kameras meist aus Tuch hergestellt wurde. Mit diesem Verschluß lassen sich sehr kurze Belichtungszeiten von 1/1000 sec. oder weniger erzielen.

Stanhope-Linse: Eine kleine, plankonvexe Linse, die ein stark vergrößertes Bild eines auf der unteren flachen Seite der Linse befindlichen transparenten Gegenstandes liefert. Die Linsen waren an Reiseandenken und dergleichen angebracht und dienten als eine Art Lupe zum Betrachten von Mikrophotographien.

Stereobilder: Der Eindruck von räumlicher Tiefe wird erzielt, wenn die sich geringfügig unterscheidenden, um einige Zentimeter voneinander entfernten Bilder, wie sie das Auge sieht, im Gehirn zu einem Bild verschmelzen. Werden von zwei verschiedenen Punkten aus Aufnahmen gemacht und diese Aufnahmen in einem Gerät betrachtet, bei dem das linke Auge nur das linke Bild und das rechte Auge nur das rechte Bild sieht, entsteht ein Eindruck von räumlicher Tiefe. Stereobilder wurden anläßlich der Weltausstellung in London 1851 bekannt. Die beiden Bilder für das Stereoskop wurden mit einer einzigen Kamera gemacht, die während der Belichtungen verschoben wurde. Später ermöglichten Stereokameras gleichzeitig die stereoskope Aufnahme bewegter Motive.

Tintype: Andere Bezeichnung für → FERROTYPIE.

Tomback: Eine Legierung aus Zink, Kupfer und Zinn, die als Goldimitation verwendet wurde. Aus Tomback bestanden die Rahmen und Halterungen von einigen der ersten Photographien.

Tönen: Verfahren, bei dem durch chemische Behandlung die Tönung oder die Farbe eines Bildes verändert werden können. Darüber hinaus machen viele Tönungsverfahren das Bild haltbarer.

Union Case: Amerikanische Bezeichnung für eine verzierte Schatulle für Daguerreotypien oder Kollodiumpositive. Bei der Herstellung der Union Cases wurde eine frühe Art der Warmverformung angewandt. Die Schatullen waren amerikanischen Ursprungs und erfreuten sich in den fünfziger Jahren des 19. Jahrhunderts großer Beliebtheit.

Verschluß: Eine mechanische Vorrichtung vor, in oder hinter dem Objektiv. Zum Belichten der Platte oder des Films kann der Verschluß für eine bestimmte Zeit geöffnet und dann wieder geschlossen werden.

Wachspapierverfahren: Eine Variante des Kalotypie-Verfahrens, bei der das Papier vor der Sensibilisierung mit Wachs behandelt wurde. Das Papier wurde dadurch transparenter und die Haltbarkeit des unbelichteten Papiers wurde erhöht. Kalotypienegative wurden im allgemeinen **nach** der Entwicklung gewachst, um die Transparenz zu verbesseren.

Warmverformung: Ein Verfahren zur Herstellung von Dekorations- oder Gebrauchsgegenständen, bei dem Material, das beim Erhitzen weich wird, in eine Form gepreßt wird. Der Kunststoff wird beim Abkühlen hart, ohne daß irgendein Detail der Form verloren geht. Das Verfahren wurde in größerem Rahmen erstmals in den fünfziger Jahren des letzten Jahrhunderts bei der Herstellung der sogenannten Union Cases angewandt.

Zelluloid: Ein aus Zellulosenitrat hergestelltes Material mit Zusätzen zur Verbesserung seiner Eigenschaften. Wurde 1861 von Parkes erfunden, der es «Parkesine» nannte. Das sehr leicht entflammbare Zelluloid wird auf dem Gebiet der Photographie heute nicht mehr verwendet, sondern ist durch transparente Filme aus nicht entflammbaren Zellulosetriazetat der Polyesterkunststoffen ersetzt worden.

Bibliographie

Für die Bibliographie hat der Verfasser folgende Bücher ausgewält.

Allgemeine Photogeschichte:

Beaton, Sir Cecil, and Buckland, Gail, *The Magic Image: the genius of photography from 1839 to the present day,* London, 1975

Buckland, Gail, *Reality Recorded: Early Documentary Photography,* Newton Abbot, 1974

Gernsheim, Helmut & Alison, *The History of Photography,* London 1969

Hillier, Bevis, *Victorian Studio Photographs,* London, 1976

Jenkins, Reese V., *Images and Enterprise: Technology and the American Photographic Industry,* Baltimore, 1975

Newhall, Beaumont, *The History of Photography,* Museum of Modern Art, New York, 1970

Pollack, Peter, *The Picture History of Photography,* 2. Auflage, New York 1969

Eine deutschsprachige Ausgabe der ersten Auflage von 1959 erschien unter dem Titel «*Die Welt der Photographie – von den Anfängen bis zur Gegenwart*» Düsseldorf, 1962

Scharf, Aaron, *Pioneers of Photography,* London, 1975

Bücher für Photographica-Sammler:

Castle, Peter, *Collecting and Valuing Old Photographs,* London, 1973

Howarth-Loomes, B. E. C., *Victorian Photography: a Collector's Guide,* London, 1975

Mathews, Oliver, *Early Photographs and Early Photographers,* London, 1973

Welling, William, *Collector's Guide to Nineteenth Century Photographs,* New York, 1976

Bücher über Kameras und photographische Verfahren:

Auer, Michel, *Illustrated History of the Camera,* King's Langley, 1975

Deutsche Ausgabe unter dem Titel «*Kameras – gestern und heute*», Lausanne, 1978

Holmes, Edward, *An Age of Cameras,* King's Langley, 1974

Lothrop, Eaton S., Jr, *A Century of Cameras,* Dobbs Ferry, NY, 1973

Thomas, Dr. D. B., *The First Negatives,* London, 1965

Thomas, Dr. D. B., *The Science Museum Photography Collection,* London, 1969

Wakeman, Geoffrey, *Victorian Book Illustration,* Newton Abbot, 1973

Einzeldarstellungen über Photographen

Coe, Brian W., *George Eastman and the Early Photographers,* London, 1973

Doty, Robert, *Photo-Secession: Photography as a Fine Art,* Rochester, NY, 1960

Ford, Colin, *The Cameron Collection,* New York, 1975

Ford, Colin, and Strong, Dr. Roy, *An Early Victorian Album – The Hill-Adamson Collection,* London, 1974

Hiley, Michael, *Frank Sutcliffe,* London, 1974

Mac Donnell, Kevin, *Eadweard Muybridge: The Man Who Invented the Moving Picture,* London, 1972

Eine deutschsprachige Ausgabe erschien unter dem Titel «*Der Mann, der die Bilder laufen ließ – oder Eadweard Muybridge und die 25 000 $ Wette*» Luzern 1973

Millward, Michael, and Coe, Brian W., *Victorian Townscape, the Work of Samuel Smith,* London, 1974

Turner, Peter, and Wood, Richard, *P. H. Emerson,* London, 1974

Zur Ergänzung sei auf folgende zur Zeit der Veröffentlichung noch im Buchhandel erhältlichen deutschsprachigen Titel hingewiesen:

Baier, Wolfgang, Quellendarstellungen zur Geschichte der Photographie, 2. Auflage Leipzig und München 1977 mit ausführlichen Hinweisen auf weitere deutschsprachige Veröffentlichungen

Coe, Brian, «Farbphotographie und ihre Verfahren», Die ersten hundert Jahre in natürlichen Farben 1840–1940, München, 1979

Coe, Brian, «Schnappschußphotographie», Die ersten hundert Jahre Amateurphotographie 1888–1939, München, 1979

Coe, Brian, Kameras – Von der Daguerrotypie zum Sofortbild, Holland, 1978

Gebhardt, Heinz, Königlich bayerische Photographie, München, 1979, mit deutschsprachigen Literaturhinweisen

Kempe, Fritz, Vor der Kamera, zur Geschichte der Photographie, Hamburg, 1976

Kempe, Fritz, Daguerrotypie in Deutschland, München, 1979, mit ausführlichen Hinweisen auf weitere deutschsprachige Veröffentlichungen

Kunsthalle Köln, In unnachahmlicher Treue – Photographie im 19. Jahrhundert. Ihre Geschichte in den deutschsprachigen Ländern, Ausstellungskatalog Köln, 1979

Newhall, Beaumont, Die Väter der Photographie, München 1979

Scheid, Uwe, Photographica sammeln, München, 1977

Willsberger, Johann, Fotofaszination, München, 1975

Register

Halbfett gedruckte Zahlen beziehen sich auf Bildunterschriften.